U0132550

元宇宙超入門

元宇宙超入門

方軍 著

商務印書館

責任編輯　張宇程
裝幀設計　麥梓淇
排　　版　高向明
印　　務　龍寶祺

元宇宙超入門

作　　者　方　軍
出　　版　商務印書館（香港）有限公司
香港筲箕灣耀興道 3 號東滙廣場 8 樓
http://www.commercialpress.com.hk
發　　行　香港聯合書刊物流有限公司
香港新界荃灣德士古道 220-248 號荃灣工業中心 16 樓
印　　刷　美雅印刷製本有限公司
九龍觀塘榮業街 6 號海濱工業大廈 4 樓 A
版　　次　2022 年 7 月第 1 版第 1 次印刷

ISBN 978 962 07 6685 5
Printed in Hong Kong

本書由機械工業出版社獨家授權中文繁體字版本之出版發行。

實體 + 數字 = 未來

Real + Digital = Meta

實體世界 + 數字世界 = 元宇宙

real world + digital world = Metaverse

Real + Digital = Meta

目 錄

01 元宇宙，對未來數字世界的嚮往

02 比真實還真實：元宇宙四象限

03 你所知的第一個元宇宙：維基知識之城

04 如何建設好的元宇宙：Decentraland 虛擬之城

05 不只是遊戲，還是經濟實驗：可愛的阿蟹

06 以太坊：數字世界的所有權管理系統

07 可編程的世界：DeFi 金融城的形成

DAO，未來的組織 08

09 進入迪士尼樂園的夢幻之城

名詞解讀

實體世界（real world）：在數字技術創造的事物融入我們周圍之前的所有事物，我們傾向於認為是真實的、現實的或實體的。我們稱這個世界為實體世界，偶爾也稱它為現實世界，如大樓、道路、城市、汽車、電腦、手機、電、電網、電視機、銀行、銀行卡、公司、工廠、公園、時裝、印刷書籍、雕塑、國家、身份證、飛機、火箭、太空站……

數字世界（digital world）：用計算機、信息技術、網絡技術、人工智能、虛擬/增強現實等數字技術創造的、呈現在我們眼前的人工事物，我們認為它們是數字的。在本書中，我們主要稱這個世界為數字世界，偶爾也稱它為網絡世界，如網站、聊天室、社交網絡、網絡遊戲、電商、網絡媒體、App、自媒體、電子書、數字貨幣、區塊鏈、數字工廠、送貨機器人、數字藝術、虛擬數字人……

元宇宙（metaverse）：以前人們把數字的稱為虛擬的（virtual），把網絡社區稱為虛擬社區，把互聯網經濟稱為虛擬經濟，聽起來它們似乎是不存在的。現在我們知道，數字世界是疊加、包裹在實體世界上的新的一層。過去100年，我們在地球上建設了眾多的高樓大廈（城市）和運輸網絡（民航與高鐵），過去50年，我們在地球上建立了通信與信息網絡（電話、全球媒體與互聯網）。接下來疊加上去的，是主要由數字技術驅動的實體與數字融合的又一層次，這一次它不止縮短距離，讓全球時間同步，拉近人與人，它將是我們可以在其中生活和工作的新世界，我們按現在的新説法稱它為元宇宙，有時也會直接稱它為新數字世界、數字世界或新世界。總的來説，元宇宙是恰當的新名字。未來我們將不止看到一個元宇宙，而是會看到一個個元宇宙、一個個美妙的新世界。

推薦序

元宇宙，重構互聯網創作者經濟的生產力關係

毫無疑問，我們正生活在一個創新加速的時代。而互聯網是未來科技的一條漸進線，已經深深扎進我們的生活軌跡。

未來幾年，互聯網創新的主要引爆點在哪裏？分歧似乎在漸漸消失，元宇宙已經成為全球追逐的科技熱點。

不錯，以前的各種新科技概念，比如區塊鏈、人工智能、3D 打印，至少是明確而具體的。直觀上看，元宇宙有社交、遊戲元素，集成了虛擬現實（VR）、區塊鏈、5G、雲計算、數字孿生、人工智能、NFT、邊緣計算……甚至還有腦機接口等前沿創新技術，你很難用一種有普遍共識的概念闡釋去描述這種正在發生的創新趨勢。

其實，我們可以先從我們追求的數字體驗效果說起。

元宇宙是數字平行世界的
一個映射

你可以發揮想像力：

- 如果馬斯克在火星上生病了，醫生可以用數字身份登陸火星，為他提供遠程的醫療安排。
- 有一天，礦井工人不用再進入地下，而是進入虛擬空間做勘測，危險的地下環境都不是問題了。
- 建築師可以將腦海中天馬行空的想像，變成一棟棟虛擬空間中的數字景象，鋼筋水泥不會再對他們的創意形成束縛。

真實世界和虛擬空間的通道，正在被數字技術打通，這些都是正在發生的現實。

我們也在積極地做類似的嘗試，現在，紅人（內容創作者）是互聯網的流量中心。我們最初設想，大家可能喜歡去紅人的家裏體驗和交互，但是我們發現用戶還是對物理空間的裝置更感興趣，所以我們會做一些第三方的工具平台解決場景內容供給問題。

是的，以上都是即將成為現實的元宇宙應用場景。現實世界的很多事情，已經可以搬到一個平行的數字世界中進行，而且參與的人更多、體驗更好、流量更加充沛、商業價值更高，這預示着一場現代商業的場景革命正在悄悄發生。

元宇宙不是憑空想像出來的一個概念，而是深深扎根於數字經濟創新進程的產物。

很早以前，華為的首席信息官陶景文講過一個段子：甚麼是信息化、智能化和數字化？

信息化，是給現實世界拍一張數碼相片。

智能化，是可以對那張數碼相片進行加工。

數字化，是「數字平行世界」反過來影響現實世界，不僅要拍照，還要加工相片，還可以用加工之後的相片反過來給現實世界「整容」。所以，這是一個深刻得多的過程。

無疑，元宇宙是「數字平行世界」影響現實世界的一次重大創新。不過，這不是很多人想像中那樣的創新「突變」，而是延續既有的數字經濟的創新方向而來的。

比如，過冬了，我們要在線上買個帽子。

早期，我們通過在電商平台上瀏覽圖文評價的方式獲取平面信息，買家秀與賣家秀成為調侃的話題。

現今，短視頻以及直播帶貨成為風潮，立體化、互動式呈現不同帽子在紅人主播頭上的效果，一定程度減少了信息的偏誤。

不遠的將來，在增強現實（AR）/VR 技術的支持之下，我們有望直接看到不同帽子在自己頭上呈現的視覺效果，從而做出更合理的購買決策。

當然，元宇宙並不只是 AR/VR 技術。我認為，AR 和 VR 只是一種低維的過渡。元宇宙最終將是數字資產、思想資產、體驗資產和社交資產的全新組合。

元宇宙未來的創新動力之一
在社交應用

基於區塊鏈技術的數字資產，不斷得到價值確認，越來越多的參與者願意支付真金白銀。

基於 VR 技術的體驗資產，在全球範圍內更受歡迎，比如紅人直播電商、明星演唱會，可以更好地匯聚流量、兌現商業價值。

基於元宇宙新場景的社交資產不斷充實，虛擬世界的內涵不斷豐富，不僅是娛樂，我們的工作和生活也逐步向元宇宙遷移。

就像 20 年前的互聯網一樣，元宇宙可能是新一代的「互聯網」，而且真正的元宇宙一定是基於區塊鏈底層邏輯生長的。

區塊鏈是元宇宙的底層邏輯（概念），核心還是對人的資產的改變和價值連接。現在，我們的每個內容被存放到不同的產品中，但是元宇宙的世界是「大同」的、連接的，區塊鏈的跨鏈可以打破平台界限實現一個世界的願景。

我認為，未來每個人都會在虛擬宇宙裏面有自己的資產，比如你是一個內容創作者（紅人），你的文章在虛擬世界被很多人喜歡、收藏，那麼這些文章可能就有了數字藏品的價值，知識成為一種可以流轉的價值品有機會在元宇宙中得到很好的實現。

元宇宙作為下一代互聯網，距離你我的日常生活已經越來越近。那麼，元宇宙未來的創新動力在哪裏？我認為，在創作者經濟背景下的社交應用，元宇宙將重構創作者經濟的生產力關係。

理由很好理解，互聯網創新最需要的是流量，元宇宙創新也是如此，而紅人（內容創作者）無疑是最重要的流量中心。

時至今日，創作者經濟已經跨越了四個時代：從 2G 技術下的社交 1.0 的文字時代，3G 技術推動的社交 2.0 的圖文時代，到 4G、大數據和雲計算推動下的社交 3.0 的短視頻時代，互聯網用戶擁有了以粉絲數為衡量標準的社交資產，內容創作者的商業模式也由廣告營銷主導到兼容了直播分銷。現今，隨着 5G 普及，以及區塊鏈技術的加速應用，我們正在跑步邁入社交 4.0 時代，即沉浸式虛擬社交時代，而元宇宙是社交 4.0 時代的新一代互聯網。

我們一直在思考如何提供更具有沉浸感、場景感的虛擬數字空間，通過重新定義用戶的社交方式及創作者的社交資產，提供比今天存在的任何產品都更好的社交體驗。隨着技術積累的不斷夯實，我向大家推介我們已經開發多年的項目，一款基於區塊鏈技術的 3D 虛擬社交產品——虹宇宙（Honnverse）。虹宇宙是創作者經濟步入社交 4.0 時代的必然產物，虛擬世界的內涵不斷豐富，虹宇宙開始成為通往下一代互聯網（元宇宙）的門票。

虹宇宙的目標是聯合全球社交紅人，給全球用戶打造一個沉浸式的泛娛樂虛擬生活社區。進入虹宇宙中，你可以更加身臨其境地與朋友聚會、開展各種工作、娛樂、購物、學習以及創造各種內容。或許，未來你將能夠像全息圖一樣瞬間被傳送到你想去的任何地方，江南小鎮、海景別墅，甚至你父母的客廳、你孩子玩耍的後花園，無論你在哪裏，虹宇宙都將為你打開新世界的窗口。

通過區塊鏈的確權技術，你在虹宇宙世界裏擁有的都將是你真正擁有的。你的 IP 價值將由用戶定義，你的內容即是資產，你的作品就是數字藏品。虹宇宙是在創作者經濟的驅動下成長起來的，不會由一家公司創建，將會是由創作者和開發者創造全新的體驗與數字藏品。虹宇宙通過重新定義用戶的社交方式及創作者的社交資產，讓用戶擁有更真實、更有趣的消費體驗，用戶可以在空間內實現實時試穿、趣味交互等各種互動，讓購買變得更酷。

非常有幸，正當虹宇宙和創作者經濟步入創新加速的窗口期時，方軍先生的《元宇宙超入門》出版上市。

我向讀者朋友推薦這本書，是希望讀者朋友能夠從一個新的角度審視我們所處時代的變化，以及了解元宇宙在未來的創作者經濟中的載體作用。看懂這個時代的重要創新節點，把握時間的軌跡，讀懂現代人心中的微妙需求，元宇宙必將開啟一個刺激互聯網創新的大有可為的時代。

李　檬

天下秀數字科技集團創始人、董事長及 CEO

所有權系統
遊戲化
三維立體
大規模協作
體驗
自組織
可編程
元宇宙
的七個基石

前言

元宇宙的七大基石

卡爾維諾

《看不見的城市》

> 馬可・波羅一塊石頭一塊石頭地描述一座橋。「可是，支撐橋樑的石頭是哪一塊呢？」忽必烈汗問。「整座橋樑不是由這塊或者那塊石頭支撐的，」馬可・波羅答道，「而是由石塊形成的橋拱支撐的。」忽必烈汗默默地沉思了一陣兒，然後又問：「你為甚麼總跟我講石頭？對我來説只有橋拱最重要。」馬可・波羅回答：「沒有石頭，就不會有橋拱。」

在《看不見的城市》中，卡爾維諾藉着馬可・波羅與忽必烈汗的虛構對話，講述了一座座看不見的城市的故事、一個個城市的片段。該書最後章節有一句樂觀的問話，忽必烈汗問馬可・波羅：「能不能告訴我，和風會把我們吹向未來的哪片樂土？」

這本關於「實體＋數字＝未來」的元宇宙的書，我努力模仿

《看不見的城市》一書的結構，講述一個個元宇宙（即未來數字之城）的街景片段，如知識之城、幼稚之城、金融之城、夢幻之城……未來數字之城已經在這兒或那兒存在着。

但我講得更多的可能是「石頭」，即實體與數字融合的元宇宙的七大基石。

- 第一塊基石：大規模協作。
- 第二塊基石：三維立體。
- 第三塊基石：遊戲化。
- 第四塊基石：所有權系統。
- 第五塊基石：可編程。
- 第六塊基石：自組織。
- 第七塊基石：體驗。

在一個個案例中你將看到，我們周圍的事物與環境、個人的身份與行動、與他人的聯結與互動、工作與組織、價值創造與分配等都變了，而所有變化的源頭都可以追蹤到這些基石。在每一章的案例解讀之後，我會以專欄的形式討論這些基石。

你我這樣的數字樂觀者已經迫不及待起程，去做一個個元宇宙的建設者、居民或遊客。如果有人還心存疑惑，請看看果戈理的話：「還沒有出發，人就已經不在原處。」

01

元宇宙，對未來數字世界的嚮往

尼古拉・尼葛洛龐帝

「數字化生存」提出者

地球這個數字化的行星，在人們的感覺中會變得彷彿只有針尖般大小。

蒂姆・伯納斯 - 李

萬維網之父

生活的希望來自世界上所有人之間的相互聯繫……親眼看見萬維網（WWW）通過許多人的辛勤努力和大量基礎工作建立起來，這給予我一種極大的期望：如果每個人的願望都獲得尊重，我們將攜手使我們的世界變成我們憧憬的樂園。

無垠的宇宙蘊含着無限的希望，而元宇宙寄託着我們對數字未來的新期待。21 世紀的第三個 10 年，由奔向以「元宇宙」為名的實體與數字融合的新世界的行動開啟。

扎克伯格與馬化騰的期待

2021 年 10 月 28 日，全球社交巨頭 Facebook 宣佈改名為 Meta，它選擇用元宇宙這個詞的詞根 meta（超越）作為公司名。它的創始人馬克・扎克伯格以這樣的姿態告訴世人：下一代互聯網是元宇宙。

扎克伯格在公司的更名公開信中發出奔向元宇宙的宣言，他認為，互聯網的下一代是「一個身臨其境的互聯網」[①]（an embodied internet）：

> 我們正處在互聯網的下一個篇章的開端，它也是我們公司的下一個篇章。
>
> 近幾十年來，科技賦予人們更自然地聯繫和表達自己的能力。當我創建 Facebook 時，我們主要在網站上輸入文本。當我們有了帶攝像頭的手機時，互聯網變得更加可視

① 馬克・扎克伯格在 2021 年 11 月 1 日發佈關於公司更名的「創始人的信」，https://about.fb.com/news/2021/10/founders-letter/。

化和移動化。隨着連接速度的加快，視頻成了一種更加豐富的分享經驗的方式。我們已經從桌面到 Web 再到移動，從文本到照片再到視頻，但這並不是終點。

下一個平台將會更加讓人身臨其境，一個身臨其境的互聯網，你在其中體驗，而不僅僅是看着它，我們稱之為元宇宙，它將觸及我們提供的每一個產品。

決定元宇宙特性的是一種存在的感覺：你感覺就像和另一個人在一起，你感覺就像在另一個地方。社交技術的終極夢想是，讓你覺得像真實地與另一個人在一起。這也是我們致力於建設元宇宙的原因。

在元宇宙中，你幾乎可以做你能想像到的任何事情——與朋友和家人聚在一起、工作、學習、玩耍、購物、創造，以及其他全新的體驗。這些體驗與我們今天對電腦或手機的看法將不一樣。

在長達一個多小時展示未來元宇宙的視頻中，扎克伯格（實際上是他的數字化身）還與奧運擊劍冠軍相遇，兩個人在數字世界中進行了擊劍比賽。在此，我強烈推薦你觀看這個視頻，你可以直觀地看到未來。你與你的朋友在三維數字世界中一起參觀畫廊、喝咖啡聊天，你們就像真的在一起。你不再像現在這樣，只是自己孤單地和電腦或手機屏幕在一起。

扎克伯格向我們展示的未來是，當你帶上虛擬現實（VR）頭盔，你將進入一個與現在的互聯網不一樣的數字世界——它看起來像實體世界一樣真實，你可以「走入」其中。更重要的是，你的感覺遠超現實，就像看電影一樣，可以感受到強烈的喜怒哀樂。物理的限制完全消失了。你可以有你想要的任何超能力。

是的，虛擬現實這個存在已久的技術領域代表着元宇宙的一種可能性。元宇宙是虛擬現實，這個想法可能已經在扎克伯格心中醞釀了很久。2014 年 1 月，扎克伯格去了成立不到兩年的虛擬現實頭盔公司 Oculus，第一次戴上這家公司的虛擬現實頭盔時，他說：「你要知道，這就是未來。」

在大洋的彼岸，全球社交巨頭騰訊也在探索下一代的互聯網。2020 年 12 月，在騰訊公司的文化特刊《三觀》中，馬化騰提出了「全真互聯網」，他寫道：

> 虛擬世界和真實世界的大門已經打開，無論是從虛到實，還是由實入虛，都在致力於幫助用户實現更真實的體驗。……隨着 VR 等新技術、新的硬件和軟件在各種不同場景的推動，我相信又一場大洗牌即將開始。就像移動互聯網轉型一樣，上不了船的人將逐漸落伍。

2021 年 11 月，騰訊研究院、騰訊多媒體實驗室發佈專題報告《拐點已至，全真將到：虛擬（增強）現實產業發展十大趨勢（2021）》指出，生活服務類應用平台重塑線上線下服務流程，互聯網視頻內容平台打通新內容和業務邏輯，VR 視頻原生平台創造更多帶有交互的新模式，如看演唱會、基於沉浸空間的社交等。

略加辨別我們會發現，馬化騰與扎克伯格的「全真」指向略有不同的未來。他們的設想相同之處是，用數字技術幫助人們實現更真實的體驗；不同之處是，扎克伯格的設想更多地指向虛擬世界——一個我們像身臨其境、可以沉浸其中的虛擬世界。的確，在最早提出元宇宙的科幻小說《雪崩》中，元宇宙是扎克伯格所設想的這個含義。而馬化騰則似乎在說，未來並不是從現實世界轉向虛擬世界的單行道，未來我們將穿梭在真實世界與虛擬世界之間。當然，正如在本書開頭我們界定的，由計算機、網絡、人工智能、虛擬現實頭盔製造出來的世界不是虛擬的，我更願意稱它是數字的。如果非要說這些數字的事物不存在，我則寧願用帶有想像空間的「虛幻」，而不是「虛擬」。

我們將活在全面數字化的新世界中，分不清甚麼是實體的，甚麼是數字的。在這個新世界的任何地方，不管是數字的部分、實體的部分，還是兩者融合的部分，我們都獲得真實的體驗。在這個新世界中，我們真實地生活、真實地工作、真實地創造，我們真正地生存。

這其實涉及對科技未來的不同理解。科技是為人服務的，在我看來，我們作為人，真正想要的未來是「高科技，但低科技生活」（high tech, low-tech life）。形象地說，我希望高科技的咖啡機能自動知道我要喝一杯咖啡的需求，並按我的口味為我調製一杯咖啡。但讓我獲得美好生活體驗的，是接下來坐在夕陽下的街邊椅子上，手端一杯溫暖的咖啡。

元宇宙所代表的未來，不是用虛擬現實頭盔等高科技設備把我們帶入僅呈現在我們眼前的虛擬畫面和聲光刺激之中，而是一個讓人有更好生活體驗的新數字世界。如果再仔細拆分，未來的新數字世界包括三種可能：

- 沉浸式、全虛擬的新世界。
- 實體與數字融合的新世界。
- 用數字增強實體的新世界。

扎克伯格向左走，他倡導的是沉浸式與全虛擬；馬化騰向右走，他倡導的是用數字增強實體。此外，傾心於新技術的人會試圖把數字增強實體推向極致，如超越人類的智能、腦機接口等。

元宇宙已來：遊戲與電影

仿照「未來已來」的說法，我們可以說，「元宇宙已來」。但我這裏寫下它，甚至寫下這整本書，不是為了營造未來呼嘯而來的那種緊張感，而是想告訴你，元宇宙已在你身邊。

2020 年 8 月，我曾經兩次作為導遊帶着朋友遊覽一個名為 Decentraland 的元宇宙，它主要是一個三維虛擬世界。未來會有眾多的元宇宙，它們又連通成更大的宇宙。在電腦瀏覽器中，我們躍入 Decentraland，能立刻感受到它的特點，它用逼真的

3D 形式模擬了一個數字世界，我們的數字化身遊走其中。我們進入了一個夢幻世界。

我們去蘇富比拍賣行，這家全球藝術拍賣行按 1：1 比例創建了自己標誌性的倫敦畫廊大樓；我們去藝術街區蘇豪區參觀，隨意跳上行駛中的跑車，站在奔馳的車輛上欣賞街景；我們去科技中心般的加密谷參觀，那裏有區塊鏈技術展覽；我們走進中國的證券公司國盛證券的研究所大樓報告廳，聽研究報告路演。

如果你願意，你還可以購買服裝，裝扮自己。我們既可以穿上晚會燕尾服，也可穿上像搖滾朋克那樣的奇裝異服，你甚至可以用 3D 設計軟件製作自己想要的任何款式的服裝，唯一的限制是它必須能合理地穿在人身上。

如果你願意，你也可以購買一片數字土地的永久產權，委託建築設計師與軟件工程師幫你建設自己的大樓。Decentraland 元宇宙的特色之一是，它模擬了一個 3D 版的現實世界。它的另一個重要特色是，你可以擁有數字土地的永久產權，這是向數字世界進化的重要突破。直到現在，在網絡遊戲、社交軟件等產品中，我們作為用戶實質上只是從互聯網公司「租用」道具。之後，我會專門討論作為數字世界的經濟與社會的支柱之一的所有權或產權，也會詳細介紹可用於數字所有權管理的區塊鏈技術。

元宇宙進入公眾視野，也是源於遊戲公司 Roblox 的上市熱潮，它自稱「第一家元宇宙上市公司」。2021 年 3 月，Roblox

在紐交所上市首日市值就達到 400 億美元，是老牌遊戲大廠育碧（Ubisoft）的六倍。在上市招股書中，Roblox 全面總結了它所認為的元宇宙的八大特徵 —— 身份、朋友、沉浸感、隨時隨地、低摩擦、多元化、經濟系統和安全。

如果去掉「元宇宙」這個詞的光環，我們看到，Roblox 是一個遊戲平台，用戶在平台上可以玩想要玩的遊戲，而更重要的是，創作者可以用它提供的工具創建遊戲。創作者既指專業遊戲開發者，也指每一個用戶。它屬於沙盒遊戲（sandbox game）類型，沙盒遊戲的特點是，用戶能夠改變或影響甚至創造世界，可以自由地探索、創造和改變遊戲中的內容，遊戲也一般不強迫玩家完成指定任務或目標。按公司網站的數據，目前 Roblox 平台上聚集了約 700 萬名遊戲創作者。Roblox 為遊戲開發者提供了三個關鍵工具 —— 遊戲技術基礎設施、遊戲開發工具與用戶的連接，而把創意的空間留給了專業遊戲開發者。①

每一個網絡遊戲都是在建立自己的宇宙空間，供遊戲玩家玩耍，但其中一些遊戲會邀請玩家一起參與建造 —— 建立自己的遊戲，建設自己的房屋。遊戲公司試圖建立一個三維空間，讓用戶參與建設，在 Roblox 之前人們就有多個嘗試。2006 年年末、2007 年年初，林登實驗室推出流星一般的《第二人生》（*Second Life*），它快速成為全球關注的焦點，又快速消失。它的

---

① 如果你有興趣，可以去 Roblox 的開發者門戶網站了解如何在這個平台上進行遊戲開發：developer.roblox.com。

特點有兩個：三維建模和圍繞遊戲幣林登幣組成的貨幣經濟體系。《第二人生》當時吸引了很多實體機構進入，包括哈佛大學等名校在上面開設虛擬課堂。《第二人生》中的企業反過來也在實體世界中註冊為公司。現在仍然非常吸引人的沙盒遊戲《我的世界》(*Minecraft*)以支持玩家與開發者在其中自行開發著稱，玩家可以打造精美絕倫的建築物。[①] 哥倫比亞大學有學院在其中搭建數字校園，2020 年還舉辦數字畢業典禮。

Roblox 的確算得上是一個獨特的遊戲元宇宙，因為它融合了 20 年來的多項技術與商業創新：第一，它延伸了沙盒遊戲、雲服務平台，為遊戲玩家、創作者提供了精彩的遊戲體驗；第二，它自身是連接玩家與創作者的互聯網平台，類似於 Uber 或滴滴是連接司機與乘車人的平台；第三，它借鑒了《第二人生》的遊戲幣經濟體系，建立了圍繞 Rolux 遊戲幣的貨幣經濟體系，用市場經濟邏輯協調了遊戲玩家和遊戲創造者。它的網頁上說，用 Rolux 遊戲幣可「購買你虛擬形象的升級物品或作品中的特殊技能」，但是它「無任何真實貨幣價值」。

在荷李活的電影中，我們看到過很多虛構的世界，這也正是用元宇宙來描述互聯網的未來時能一下子吸引公眾眼球的原因。導演史提芬・史匹堡的電影《頭號玩家》給我們講述了 2045 年名為「綠洲」的未來元宇宙中的爭奪繼承權的故事。每

---

① 你可以在《我的世界》維基頁面查看詳細說明：https://minecraft.fandom.com/zh/wiki/Minecraft_Wiki。

天都有數十億人在「綠洲」中工作和娛樂，他們全部生活在這個超大規模、不斷延展的世界裏。他們在其中相識，成為摯友，甚至結婚，但在實體世界中可能根本沒有見過面。電影主角韋德・沃茲一回到家就戴上虛擬現實頭盔，進入「綠洲」中尋求慰藉。不管在實體世界他經歷怎樣的挫折，在「綠洲」中他能華麗變身，成為一個名叫帕西法爾的男孩，在數字世界裏攀登珠穆朗瑪峰，歷險尋找寶藏。其他人也和他一樣，沉迷於「綠洲」中，在這個世界裏活出了第二生命，彷彿實體世界中的混亂並不存在。

哈利迪一手建造了「綠洲」這個虛擬世界，臨終前，他宣佈自己在「綠洲」中設置了一個彩蛋，找到這枚彩蛋的人可成為其繼承人。但要找到這枚彩蛋，必須先獲得三把鑰匙。之後，典型的荷李活故事由此展開。

當然，荷李活電影背後所蘊含的思想較少是嚮往數字未來的科技烏托邦，它們更多是受賽博朋克思想的影響，故事常是英雄反抗一切都被計算機網絡控制的暗黑未來，強調對人的人文關懷。[①] 2021 年，《失控玩家》再次講述一個這樣的元宇宙或反元宇宙故事。這一次，主角蓋發現自己其實不是人，只是開放世界電子遊戲中的 NPC 角色（非玩家角色或機器角色）。他

---

① 科技的未來是烏托邦，還是反烏托邦，這是個有意思的話題。很多實際從事科技產業或互聯網業的人會更認同未來學家凱文・凱利創造的一個詞——「進托邦」（protopia），在這樣的未來設想中，事物是逐步進化的，「今天比昨天更好，雖然變好的程度可能只是那麼一點點」。

不甘於自己「工具人」的命運，決心以自己的方式拯救自己和世界。通常在荷李活電影中，一個數字化技術建造的宇宙和它的創造者、統治者是邪惡的代表，英雄站在他們的對立面，打敗邪惡，重燃我們的希望。科技就以這樣的方式發展着，有人設想，有人研究，有人創建，有人反思。

互聯網就是元宇宙：立體互聯網與價值互聯網

如果你不是僅僅去眺望虛擬現實頭盔、3D 虛擬世界、網絡遊戲或荷李活電影中那些科幻般的未來場景，而是看回自己周邊，你或許會驚訝地發現：互聯網就是元宇宙。

你可以看到已經在自己身邊的眾多數字世界：它們融合線上與線下，讓你的生活更加便利。當你駕車行駛在高速公路上時，導航引導你的行車路線，提醒你安全駕駛不要超速，並隨時播報前方路況。導航的地圖和語音融合了實體與數字，創造了一個增強版的現實世界。當你用外賣平台點餐後，餐廳和外賣員立刻開始行動，最終將你要的餐食送到你的手上。如果你想要看，你可以看到快遞中餐食的實時位置。這同樣是一個實體與數字融合的新數字世界。

這樣的數字世界不只是沒有科幻感，甚至因為我們每天都在接觸而顯得有點過於平常。但我想你無法否認，這樣的數字世界已經給我們的生活帶來巨大變化，它帶給我們普通人內心更想要的「高科技，但低科技生活」。

說「互聯網就是元宇宙」，當然並不完全準確，元宇宙代表着對下一代互聯網的想像。現在仍主要把我們局限在各種平面屏幕上、人與人關係單調的互聯網將走向下一代。

一方面，我們在實體景象與虛擬景象融合的、三維的新數字世界中獲得全新的生存體驗。互聯網不再是屏幕上二維的、由界面與按鈕組成的，而是混合的、立體的，這就是所謂立體互聯網。

另一方面，在新數字世界中，我們將共同創造、共享價值。在探討這方面時，根據強調重點的不同，人們會用「所有權經濟」（ownership economy）或給創造者以激勵的「創造者經濟」（creator economy）來描述新數字世界的經濟邏輯。因為與所有權和激勵關聯的是價值，所以我們可以說這是價值互聯網。

如圖 1-1 所示，元宇宙是第三代互聯網（Web 3.0）。

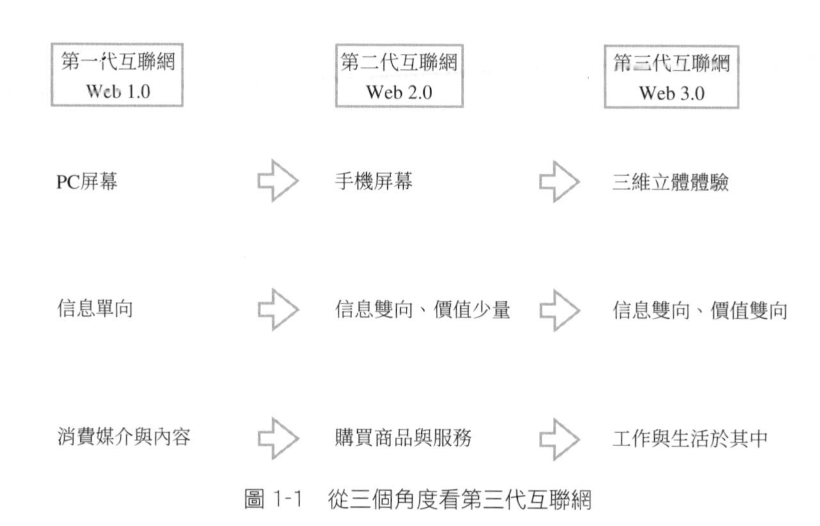

圖 1-1　從三個角度看第三代互聯網

第一代互聯網是 PC 互聯網，第二代互聯網是移動互聯網，第三代是我們的身體或數字化身可以走入其中的三維立體的互聯網。互聯網縮短了空間距離，改變了時間維度，增強了人與人的連接方式，但它一直是二維的。虛擬現實頭盔、可穿戴設備、體感控制等各種創新技術產品都試圖將互聯網帶向三維立體，現在似乎到了臨界點。

第一代互聯網是信息只讀的互聯網，價值流動很少；第二代互聯網是信息可讀、可寫的互聯網，但價值主要是單向流動；第三代互聯網則將實現信息和價值的雙向自由流動。

第一代互聯網，我們在其上消費媒介與內容，包括新聞、視頻、遊戲、社交；第二代互聯網，我們通過電商購買實物商品，也可以購買線下服務如外賣、打車；第三代互聯網，我們不再只是用戶或消費者，越來越多的人將在其上工作和生活。

我們可以在數字世界中獲得收入。

總之，元宇宙再次激發了我們對數字未來的期待，同時它又讓我們發現自己其實一直走在通往實體與數字融合的新世界的路上，我們周圍的世界在被數字技術以驚人的速度改變着。元宇宙代表的是對遙遠未來的想像。在我看來，如果能跳躍到未來，從遙遠的未來，元宇宙傳遞給今天的我們的訊息是——往前走，莫回頭。

從地球村到元宇宙：未來的誕生

人們從學術、科幻、政府、產業等角度對數字未來有一系列設想，在過去、現在與未來，這些設想引導我們去探索與創造。這裏做簡要梳理供你參考。

地球村（Global village）。這是媒介學者麥克盧漢提出的理論，在他 1964 年的著作《理解媒介：論人的延伸》中提出的理論。這個詞形象地告訴我們，信息技術的發展縮短了地球上的時空距離，整個地球像一個小小村落。

賽博空間（Cyberspace）。它由科幻小說作家威廉・吉布森在 1982 年的小說《全息玫瑰碎片》中提出，指計算機以及計算機網絡裏的虛擬現實。它還演化出了「賽博朋克」等概念，對科幻小說與電影的影響巨大。機器與人的混合體「賽博格」（Cyborg）與它有着同樣的淵源——控制論（cybernetics）。兩年後，在小說《神經漫遊者》中，吉布森讓賽博空間更加具象，主人公凱斯讓自己的神經系統掛上全球計算機網絡，他使用各種匪夷所思的人工智能與軟件為自己服務。賽博空間原指與工業化實體空間截然不同的新空間，後來逐漸被等同於網絡空間或數字空間。

數字化生存（Digital being）或**數字化生活（Digital**

living）。它於 1996 年由尼葛洛龐帝在開啟數字化未來的暢銷書《數字化生存》中提出，他當時是美國麻省理工學院（MIT）的未來科技研究機構媒體實驗室主任。數字化生存指的是，人們從原子世界的生存演進到比特世界的生存。他展示的眾多數字化生活的設想，後來大多變成了現實。在過去 30 年，互聯網產業發展外溢形成數字經濟、數字社會，人類的數字化生存與生活逐漸成為現實。

信息高速公路（Information highway）與**新型基礎設施建設（這裏特指中國「新基建」，China new infrastructure）**。我們可以看到中美兩國的相關政策舉措雖時隔近 30 年，但遙相呼應。1992 年，時任參議員、後曾任美國副總統的戈爾倡導建立「國家信息基礎設施」，並形象地命名為「信息高速公路」。2020 年，中國的相關政策強調加快 5G 網絡、數據中心等新型基礎設施的建設進度。一般認為，新基建包括 5G、特高壓、城際高速鐵路和城際軌道交通、新能源汽車充電樁、大數據中心、人工智能、工業互聯網、物聯網等領域，其中主要為與數字技術相關的基礎設施。

互聯網公司（Dot.com & internet company）與**數字經濟（Digital economy）**。互聯網公司最初被稱為 Dot.com，後來逐漸地形成了包括多個細分領域（如內容、社交、電商）的互聯網大產業。自 20 世紀 90 年代初互聯網商業化以來，互聯網產業以自身的方式演化與發展——從 PC 互聯網到移動互聯網，從線上到線下。近年來，互聯網的關注重點從應用為主（新聞、社交、電商、遊戲、打車等），轉向技術主導（大數據、機器學習、芯片設計與製造、虛擬增強現實、區塊鏈等）。現在人們通常認為，互聯網公司的典型形態是連接供需雙方的互聯網平台。唐・塔普斯科特被認為在 1995 年出版的《數字經濟》一書中首次提出了「數字經濟」。後來馬化騰、孟昭莉等著的《數字經濟》中提到人類社會、網絡世界與物理世界的融合，這三者融合形成的正是現在我們所說的數字經濟，這一觀點的特點是將人類社會中的社交關係納入了數字經濟之中。

全球大腦（Global brain）。近年來，人工智能在數據、算法、算力的三重刺激下重新爆發。人們看到，互聯網在大數據與人工智能的支持下成了人類整體的「全球大腦」。全球大腦不是全新概念，凱文・凱利在《必然》一書中有一種形象的描述，既呼應了前人的觀點，又結合了新變化：「真正的人工智能不太可能誕生在獨立的超級電腦上，它會出現在網絡這個由數十億電腦芯片組成的超級組織中……任何與這個網絡人工智能的接觸都是對其智能的分享和貢獻。這種人工智能連接了 70 億人的大腦、數萬兆聯網的晶體管、數百艾字節的現實生活數據，以及整個文明的自我修正反饋循環。」

元宇宙（Metaverse）與**第三代互聯網**（Web 3.0）。元宇

宙這個概念由科幻小說家尼爾・斯蒂芬森在其 1992 年的小說《雪崩》中提出，主人公戴上接入網絡的虛擬現實頭盔，就可以生活在由電腦與網絡構成的虛擬空間。這本書對虛擬現實和遊戲的發展影響巨大。最終在 21 世紀第三個 10 年，在技術與產業成熟之後，元宇宙成為數字化未來設想的代名詞。在本書中，我們將元宇宙視為實體世界與數字世界融合的新世界，稱之為第三代互聯網（Web 3.0），並將它細分為立體互聯網與價值互聯網。

02

比真實還真實：元宇宙四象限

馬克・威瑟

普適計算（pervasive computing）提出者，

曾任施樂公司帕洛阿爾托研究中心首席科學家

虛擬現實的出發點是將自己置身於電腦世界，而我想要做的恰恰相反。我想要把電腦世界安置在你身周、身外。將來，你將被電腦的智慧所包圍。

約翰・希利・布朗

曾任施樂公司首席科學家、施樂公司帕洛阿爾托研究中心主任

展望未來的正確方式不是向前看，而是向周圍看。

元宇宙的概念起源於1992年出版的科幻小說《雪崩》，屢獲大獎的科幻小說家尼爾・斯蒂芬森創造的Metaverse這個詞是兩個詞的組合：meta（超越）+ universe（宇宙）。在我買的第一版中文版中，這個詞被翻譯為「超元域」，對比一下，現在「元宇宙」這個新中文詞顯然要響亮得多。

主角阿弘戴上帶有虛擬現實目鏡的頭盔，就可以進入與現實實體世界平行的另外一個世界。

> （目鏡）形成的圖像就懸在阿弘的雙眼和他所看到的現實世界之間。只要在人的兩隻眼睛前方各自繪出一幅稍有不同的圖像，三維效果就能被營造出來。
>
> 阿弘並非真正身處此地。實際上，他身處一個由電腦生成的世界裏：電腦將這片天地描繪在他的目鏡上，將聲音送入他的耳機中。

我最初喜歡《雪崩》這本科幻小說並不是因為元宇宙這個電腦生成的世界，而是阿弘在小說中當時所處的現實世界：他身穿全是高科技的比薩快遞員制服，開着擁有足以把物體送到小行星的巨大能量的高速電動汽車。他是比薩外賣快遞員，服務於未來美利堅最強大的公司——名為「我們的事業」的比薩公司，快遞員是整個社會精英層中的精英。在過去十年，當我看到電商與外賣快遞員對我們數字生活的巨大影響時，我總說，斯蒂芬森以獨特的方式預言了未來。

現在人們說起元宇宙時，傾向於將它簡化成阿弘戴着虛擬現實目鏡進入的那個虛擬世界，有組織、有公司、有辦公樓、有酒吧等。阿弘所處的元宇宙由「全球多媒體協議組織」控制，阿弘和哥們在其中購買土地、建設了一個街區，他還是元宇宙中的黑日項目[1]的參與者：為之工作，拿到股票報酬。

阿弘穿梭在兩個世界之間。他目鏡中看到的虛擬世界很精彩，而他那被高科技設備增強的實體世界同樣驚險。這和我們現在所處的情形是相似的，網絡與實體世界交織在一起，有時候我們很難分辨一個人之前是在網上跟我們說了句話，還是他當面跟我們說的。

讓我們先來看看計算機生成的亦真亦幻的世界。

從虛擬現實到實時的真實

用虛擬現實技術塑造出能超越實體的世界，是人們一直以來想用計算機做的事之一。狹義的元宇宙，通常指的就是視覺上讓我們感覺身臨其境的虛擬世界，但我們又明確知道，它是「假的」或「人造的」。最初，這樣的計算機製造的世界，首先是由目鏡在我們的眼前塑造出來的 3D 虛擬現實影像。這個領域中

---

① 在科幻小說家那裏，黑日項目（Black Sun Systems）大概對應的是小說撰寫時的知名計算機公司太陽微系統公司（Sun Microsystems），它開發了 Java 編程語言。

的典型公司是 Facebook 收購的 Oculus 虛擬現實頭盔公司，它已經推出多代 Oculus Quest 頭盔產品。

之後又逐漸演化，變成實體與屏幕的結合。谷歌眼鏡（Google Glass）展示了在眼鏡上疊加信息的可行性，這就是把計算機信息疊加在眼睛看到的現實景象之上，形成所謂的增強現實（augmented reality, AR）的場景。這激發了一系列應用，當前真正實地應用的多是這一類，工程師戴着增強現實眼鏡可以看到工廠裏機器的實際運行數據，安防人員戴着專用的眼鏡進行人的識別、鎖定可疑目標。

微軟公司則用全息顯示設備 Hololens 試圖實現所謂的混合現實（mixed reality, MR），在電腦生成的接近真實的虛擬場景上疊加真實世界的場景。但是這種分類並不嚴格，在真實場景中疊加虛擬場景有時候也被稱為混合現實。按微軟的說法，它更強調將人體全息影像、高保真全息 3D 模型及周圍的現實世界結合起來。在電影《星球大戰》中，我們看到過類似的未來想像：在通話時，萊婭公主的全息影像出現在主角天行者盧克面前。

另外，很多人曾經看過獲得谷歌投資的 Magic Leap 所展示的視頻，在視頻中，人們無須佩戴任何設備，肉眼就可以看到鯨魚從體育場中躍起。這是用「光場」（light field）投射技術取代屏幕呈現，光場投射出的、由機器生成的人工場景可以和現實場景疊加，讓你以為那些物體就在那兒。微軟的 Hololens 和 Magic Leap 都是採用光場投射技術，後者官網首頁現在寫着：「元宇宙已在這裏。」

隨着數據、算法與芯片的優化，近年來讓人激動的新進展是，用機器實時模擬出現實。如果你未仔細辨認，你會認為你聽到、看到的是真的。有些初級的應用已經在我們身邊，比如幾年前我們就能在導航軟件中體驗到，人工智能算法（更準確地說是機器學習算法）可以對一個人的語音進行學習，模擬出他的聲音說導航引導。在 2020 年，北京人民廣播電台的一位主持人給我聽人工智能做的音樂節目播音，我根本聽不出那是一個機器合成的人的聲音，那是「比真實還真實」的電台主持。

現在，計算機已經可以渲染出真實的人物與場景畫面，欺騙過比耳朵要求高得多的眼睛。2021 年 4 月，芯片公司英偉達（Nvidia）創始人黃仁勳做過一次視頻演講，其中有 14 秒視頻的背景與演講人都是由計算機生成的。雖然故意留有蛛絲馬跡，但當時所有人都沒能發現。一年後，當他們在計算機學術會議上公佈背後的算法、系統和工程實踐時，人們驚呼：「老黃欺騙了世人！」

或許有人會問，荷李活不早就實現了這些嗎？從盧卡斯的工業光魔到喬布斯的皮克斯電影公司，它們早就能在大熒幕上以最精細的方式展示衝擊我們眼睛的畫面。

這一次不一樣。之前，電影工業做的是，事先進行大量的渲染、剪輯、特效，合成出比真實還真實的畫面。現在，計算機圖形學、機器學習算法和芯片的算力共同展示的可能性是，也許在不久的將來，計算機可以實時在你眼前繪製出比真實還真實的畫面。

在電影《阿凡達》中，數字技術渲染出來的人或角色無比逼真。但是，現在我們對逼真度不如電影的「數字虛擬人」充滿好奇，是因為他們已經能做到（當然非常勉強地）與我們交談，能夠做到實時互動。最早在 2007 年，日本 Crypton Future Media 公司用雅馬哈的語音合成程式推出合成聲音的數字歌手「初音未來」，後來她逐漸地有了自己的具象形象、全息形象，甚至過去十年每年舉辦演唱會。近年來，隨着人工智能技術的發展，一些公司甚至創造數字虛擬人員工。2021 年 9 月 8 日，阿里巴巴宣佈 AYAYI 成為首位數字員工，並擔任天貓超級品牌日營銷活動的首位數字主理人（見圖 2-1）。

圖 2-1　AYAYI 成為阿里巴巴集團的首位數字員工

資料來源：天貓超級品牌日微博。

我們這裏類似地造詞，把這種能夠實時計算生成視覺與聲音稱為模擬現實（simulated reality），它的關鍵詞是「實時」。實時地生成與疊加，才能真正變成可用的日常應用，而不僅僅是展示。過去，我們可以拍攝一些視頻，然後，用後期製作的方式加上信息框展示數據，增強現實眼鏡現在能做的是，實時地在你的眼前呈現數據與信息。隨着技術的進步，實時生產的虛擬影像可能會逐漸地投入應用。電影與視頻展示的是未來可能性，而當技術能夠達到實時後，應用就能進入我們的生活。

如何創造
亦真亦幻的世界

元宇宙在當下能激發我們對未來的想像，首要原因是它承諾創造一個亦真亦幻的世界，讓我們可以自由自在地生活在其中。這也是為甚麼虛擬現實與增強現實是人們說起元宇宙時首先想到的。Facebook、騰訊、微軟、英偉達這些科技公司告訴我們的也是同樣的技術路線——構建虛擬（增強）現實的技術基礎設施與應用。

自 1990 年年初互聯網商業化開始，我們已經逐漸地進入了數字世界：我們在電腦或手機屏幕上看到圖文化的信息，與之交互互動。

探索最終匯集到元宇宙，這些探索給我們展示這樣的未來：

你可以擺脫屏幕，看到更逼真的世界，身處其中，與之互動。圖2-2 是一張簡圖，展示當下從創造一個亦真亦幻的世界所需的輸出、輸入與交互控制。

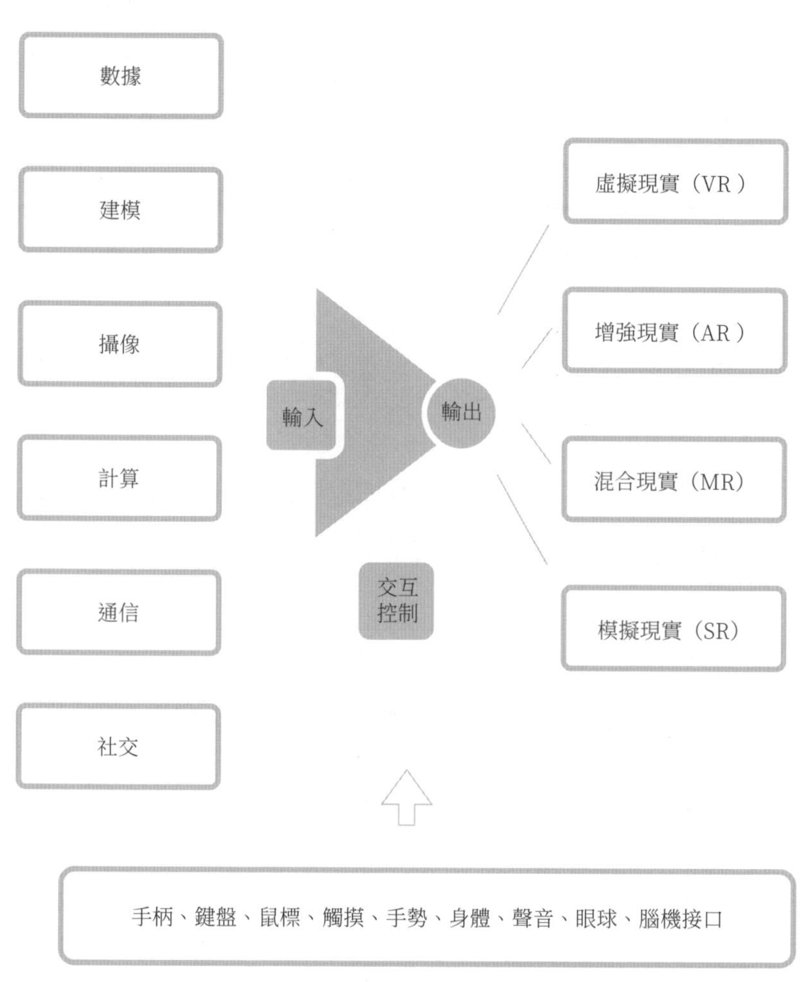

圖 2-2　元宇宙的輸出、輸入與交互控制

輸出：用戶看到的用戶界面

第一，我們希望能夠有一個逼近真實的數字世界呈現在我們面前。前面講過，輸出，也就是界面體驗方式有四種：戴上頭盔看到的虛擬現實（VR），強調沉浸體驗；戴上眼鏡看到的增強現實（AR），強調現實與數字信息融合；將接近真實的圖像疊加到實體世界上或反之，形成讓我們通過肉眼可看到的混合現實（MR）；以及實時模擬現實（SR），強調實時生成畫面的真實度。

虛擬現實、增強現實、混合現實、模擬現實其實是相通的。在我們能夠用芯片與算法實時生成接近現實的畫面後，這些畫面可以在 VR 頭盔中顯示，可以疊加在增強現實的鏡片中顯示，也可以通過光場技術投射在我們眼前。當然，還可以成為電影院中我們觀看的電影。

輸入：生成輸出所需的數據、模型與通信

第二，呈現在我們眼前的畫面是計算機生成的，是根據眾多輸入組合而成。目前看，輸入的來源包括六個方面：數據、建模、攝像、計算、通信、社交。

以 Facebook、微軟等公司已經在反覆提及的虛擬現實在線會議場景為例，我們來設想一下用到的輸入。

當我們在會議軟件中預定一個會議，上傳會議要用的文檔，這些動作形成會議的基礎數據的輸入。參會者之間的社交關係也自然地被納入進來，我們將共同參與一次會議討論。會議開始了，我們打開攝像頭，攝像頭拍攝的參會者真實的畫面與背景融合起來，呈現到其他人面前。

按 Facebook 與微軟的設想，我們也可以用模型建模出來的 3D 個人形象參會。攝像頭捕捉我們的動作，個人電腦或服務器進行計算，讓我們的 3D 個人形象相應地做出動作。

參加在線會議，參會者身處世界各地，圖像、聲音、數據的傳遞需要快速的通信基礎設施支持，5G 及未來的大容量通信開啟了更多可能性。

元宇宙已來，至少它的雛形已經在我們身邊。當你在騰訊會議等軟件中用到這些功能時，一個與真實略有不同的你出現在參會者面前：你的臉部可能已經被軟件缺省加上了美白特效。你用漂亮的圖片替換掉自己身後可能雜亂的背景。如果你使用如黃鸝智聲等降噪耳機，耳機可以用算法過濾噪音和環境音，讓別人只能聽到你的說話聲。

交互控制：
用戶控制數字世界中的自己

第三，我們不只是想被動地體驗數字世界，我們要與之互動，這就需要交互控制。

與數字世界的交互控制方式一直在進化。最早，與計算機的交互只能通過打孔卡片，後來有了鍵盤，再之後有了較為自然的鼠標。

在過去十多年，隨着大屏智能手機的普及，人們已經習慣了用手指觸摸來交互。這是一種非常自然的交互，連小孩子都可以自然地使用。這個創新交互的大規模應用曾出現在蘋果 iPad 上。當時，一個科技作家記錄了這樣一段經歷。他三歲的女兒每天都在用 iPad，習慣了點擊看圖片、放大。當她去看紙質版圖畫書時，她也想用雙指拉動放大，她抱怨說：「這個書壞了！」

現在，對身體控制、聲音控制、眼球追蹤也分別有一些探索，但仍局限在特定的使用場景。微軟的體感技術 Kinect 實現了身體就是控制器，你可以在電視機前面跳舞，遊戲裏的人物隨着你的身姿起舞。我們可以用聲音（如蘋果的 Siri）調用應用軟件，或者安裝一些智能家居設備之後，我們回到家可以說：「幫我打開窗簾。」眼球控制則主要使用在醫療輔助等少數場景中。著名物理學家霍金在世時就曾經與英特爾合作，為他這樣全身都無法動的人士開發用眼球控制軟件的技術。

在虛擬（增強）現實領域，當前主流的交互控制借鑒自遊戲的手柄。在 VR 產業目前的四種實用的交互控制手段——眼球追蹤、語音、手勢、手柄中，手柄的技術最為成熟，效果好而且成本較低。

對於交互控制的未來，科幻小說般的大膽設想是腦機接口，也就是用大腦直接控制計算機。用意念控制機器，是科技的終

極夢想。通常來講，腦機接口分兩類：第一類是在人的大腦中植入芯片，這是所謂的侵入式；第二類是用設備比如功能核磁共振成像捕獲人的腦電圖，這是所謂的非侵入式。腦機接口目前還處在非常早期的探索階段。

要創造一個我們真正可以在其中生活和工作的元宇宙，交互上的持續改進是一大關鍵。在我們看來，交互的進化不會直接躍遷到諸如眼球追蹤甚至腦機接口，而多半會是漸進的。從電腦鼠標到智能手機觸摸，看似是我們拋棄了鼠標，實際是我們用屏幕加手指「組成」了鼠標。在線會議這類應用引入了聲音與攝像頭，也可以說是交互控制的進步。在這類場景中，我們不需要機器理解我們的聲音與動作，對面的參會者可以很容易地理解聲音與畫面，並對應地做出互動。接下來，機器的理解能力會發展到能理解聲音與動作的程度，聲音與攝像頭可能是下一個主流交互控制方式。

總的來說，為了在我們眼前創造一個亦真亦幻的世界，並讓我們身臨其境，人們持續在輸入、輸出、交互控制三個方面探索着。迄今為止互聯網的重心在輸入和交互上，而在輸出呈現上它就簡單地以網頁和 App 界面的形式呈現在我們面前。在各項技術逐漸成熟後，虛擬（增強）現實則啟發人們去探索更自然、更真實的視覺呈現。這或許能將我們從電腦屏幕和手機屏幕上解脫開，帶給我們三維立體的互聯網，我們的身體或數字化身在其中自由活動。

知識塊

技術趨勢：VR輕薄化，AR光波導

2021 年 11 月，騰訊研究院、騰訊多媒體實驗室等在報告《拐點已至，全真將到：虛擬（增強）現實產業發展十大趨勢（2021）》中對於 VR、AR 的未來技術演進做了分析。

如圖 2-3 所示，當前，對於虛擬現實頭盔，雙眼分辨率 4k+ 的菲涅爾透鏡是主流，而超短焦開始被部分使用。比如，Oculus Quest 2 的分辨率為 4K，刷新率為 90Hz，屏幕是 Fast-LCD，光學方案是菲涅爾透鏡。

對於增強現實眼鏡，光學模組是核心，當前的光學模組方案主要是 BirdBath 光學結構，而下一代的方案是光波導（optical waveguide）。光波導是引導光波在其中傳播的介質裝置，又稱介質光波導。採用光波導顯示方案後，AR 光學的參數對比如圖 2-3 所示，其中 FOV（field of view）指的是顯示設備邊緣與觀察點（眼睛）連線的夾角，即你能清晰看見畫面和餘光掃到的內容，它代表你所看到的全景角度，角度越大沉浸感越強。

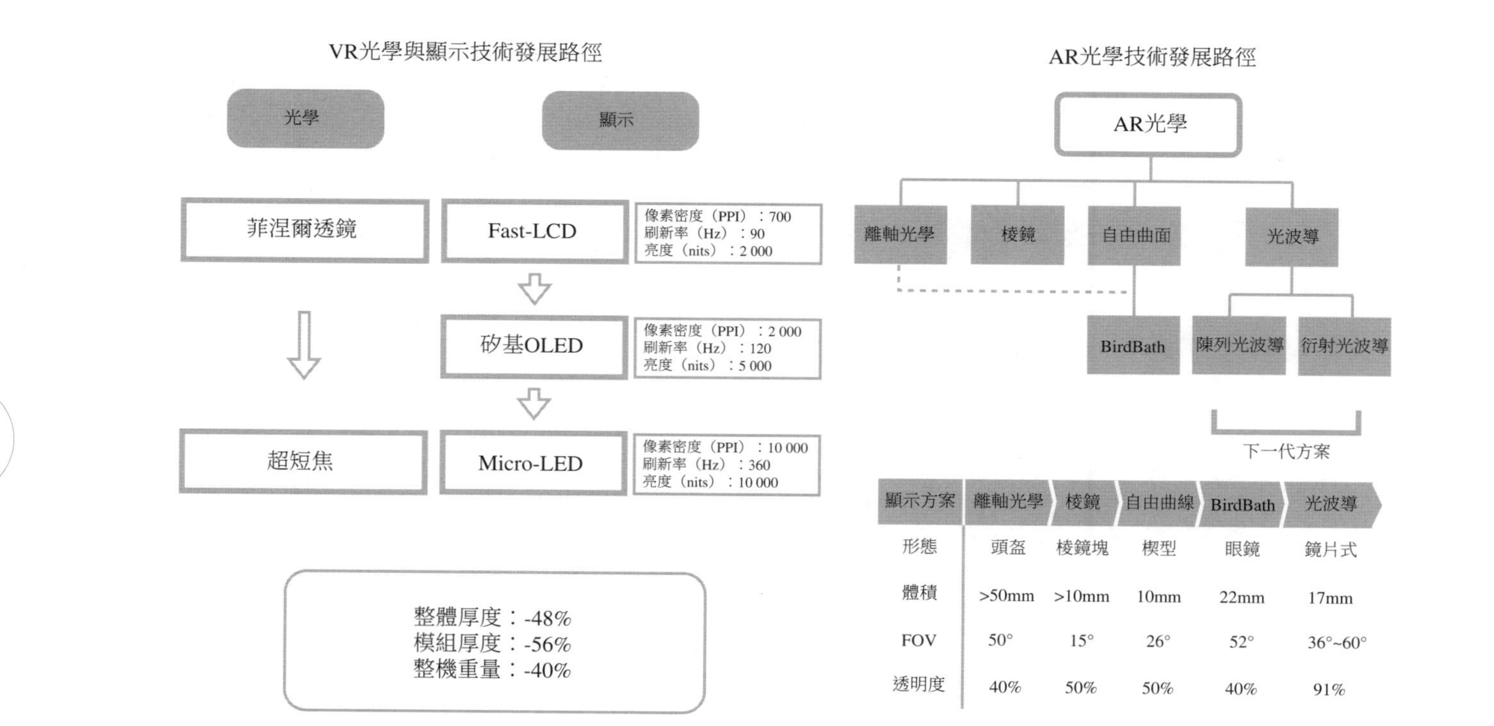

顯示方案	離軸光學	棱鏡	自由曲線	BirdBath	光波導
形態	頭盔	棱鏡塊	楔型	眼鏡	鏡片式
體積	>50mm	>10mm	10mm	22mm	17mm
FOV	50°	15°	26°	52°	36°~60°
透明度	40%	50%	50%	40%	91%

圖 2-3　虛擬（增強）現實技術路線圖

資料來源：《拐點已至，全真將到：虛擬（增強）現實產業發展十大趨勢（2021）》，騰訊研究院、騰訊多媒體實驗室等，2021 年 11 月。作者摘選了部分圖表組合成上圖。

這是我們要的未來嗎

虛擬現實是我們要的未來嗎？轉換一下這個問題，它實際上問的是：數字世界要跟現實世界一樣嗎？我們認為未來是現在的「複製品」嗎？

未來學者凱文・凱利曾就虛擬現實做了很有意思的討論。他首先對虛擬現實做了定義：最早的虛擬現實是，利用電腦模擬產生一個三度空間的虛擬世界，提供用戶關於視覺、聽覺、觸覺等感官的模擬，讓用戶如身臨其境一般，可以及時、沒有限制地觀察三度空間內的事物。

他承認，這個想法沒錯。的確，試圖在頭盔裏或屏幕上創造這樣一個像真實的場景，這是一個有意思的設想。凱文・凱利寫道：「小說家在人類的這種反射中勘探發掘，從而將新事物和舊事物聯繫起來」。

但僅用這樣的方式去設想未來，則可能誤導我們。互聯網的發展歷程最好地說明了這一點。在互聯網發展之初，包括凱文・凱利曾擔任主編的《連線》雜誌設想的未來是，大量的內容（電影、電視、圖書）從線下被搬到線上，未來的網絡更像電視，你可以看到 5 000 個內容頻道。當時幾乎所有人都認為，互聯網會複製當時的實體世界。

正如我們所知，就內容而言，互聯網並不是按這樣的方式發展的。我們短暫地將報紙、雜誌的文字內容搬上網，在網上創造跟閱讀雜誌一樣的體驗。但是，互聯網逐漸地創造了全新的內容——由超鏈接連接到一起的、網狀的內容。人們也曾經為網絡搬運和創造大量的視頻內容，這當然受人歡迎，但更受歡迎的是彈幕與短視頻。互聯網內容發展的極致是社交網絡中的內容，我們寫下無數的狀態（如朋友圈）、拍攝上傳照片或視頻，我們點讚與評論。活在社交網絡中，我們的感受比真實還真實。

未來從來不是過去的重複。

在我們眼前構建一個三維立體的、跟現實世界一樣逼真的世界，這開啟了元宇宙的想像，但我們絕不應該停在這裏。[①] 讓我們接着往下探索。

---

① 關於把虛擬現實視為未來的批評有很多。最近的一個形象的批評是，我們的未來不應是讓扎克伯格「把人的頭塞到虛擬現實頭盔裏」。就此話題，信息化的一個知名的悲觀論者、法國著名哲學家保羅・維利里奧在《解放的速度》（1995 年）一書中有一段非常經典的討論，我嘗試用較為易懂的方式轉述如下，括號中的文字是我所加：

> （信息化或網絡化的終極狀態是，我們成為）被各種「互動性假器」（假器原文為法語，指傷殘人士用的義肢）完美裝備起來的「終端公民」，（我們成為）為不必進行物理上的移動就能控制家庭環境而裝備起來的「殘缺支配者」。這是一個個體的災難性形象，個體既喪失了自然運動能力，又喪失了直接干預能力。由於沒有更好的選擇，他完全信賴傳感器、感覺器或其他種種遠距離探測器的能力，變成了被機器奴役的存在。

顯然，你我都不想要這樣的元宇宙未來。「終端公民」看起來蠻不錯，但我想「殘缺支配者」這個矛盾的説法會一下子擊中很多人。我一直就覺得，用語音控制窗簾是很奇怪的做法，是典型的「殘缺支配者」式的幻想。自己去拉開窗簾不好嗎？我們希望用數字來讓現實生活變得更美好，但同時，我們要保留隨時離開手機與數字、在實體中享受簡單的美好的能力。

元宇宙四象限：線上應用、線下應用、虛擬世界、鏡像世界

早在 2007 年，就有眾多的創新者關注到斯蒂芬森所說的元宇宙的虛擬現實與 3D 呈現的可能性，他們共同發起了跨行業峰會「元宇宙路線圖」（Metaverse Roadmap），發佈了 75 頁的產業目錄與 25 頁的調研報告。在名為《元宇宙路線圖評論》的調研報告中，約翰・斯馬特等提出了一個元宇宙四象限框架[①]。圖 2-4a 的上半部分是實體世界，即我們周圍的現實世界，下半部分是由計算機生成、呈現在我們眼前的模擬世界。

發展相關的技術時，橫向是從關注外部到關注個人的連續體，縱向的兩端分別是用技術去增強實體世界、用技術去構建模擬的世界。在橫向，當關注外部時，我們通常做的是增加傳感器與各種設備；當關注個人時，我們則努力建立人的身份、促進人與人的互動。在縱向，當關注增強時，我們努力構建界面與網絡；當關注模擬時，我們則重在建立能重現實體世界的模型和營造沉浸的體驗。圖 2-4a 中四個與技術相關的環是後來加上的。

---

① Smart, Cascio, Paffendorf. Metaverse Roadmap Overview，2007. https://www.metaverseroadmap.org/overview/.

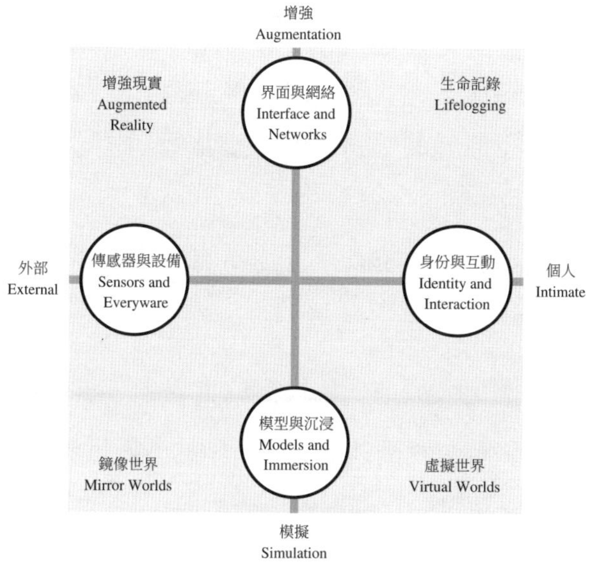

a）2007年的初版元宇宙四象限

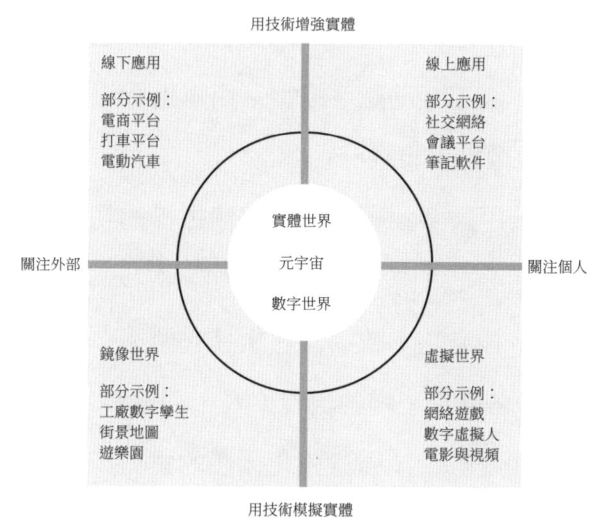

b）調整後的元宇宙四象限及應用示例

圖 2-4　元宇宙四象限：線上應用、線下應用、虛擬世界、鏡像世界

資料來源與說明：2007 年，《元宇宙路線圖評論》。後來有人在圖 2-4a 上疊加了相應的技術，第二象限的「增強現實」與現在的 AR 並不完全是同一含義。圖 2-4b 為根據圖 a 延展而來。

通過這樣的橫縱軸劃分，我們可以大體上把技術發展帶來的可能性分成四個象限。要注意的是，為了呈現最初的想法，我們這裏沿用了原始的用詞，但增強現實、虛擬世界等現在成為固定名詞，有了新的含義。

我們來逐一看看圖 2-4a 的四個象限，並用現在的例子加以解讀。

當我們試圖把人放進一個模擬的世界中，讓他在其中獲得獨特的個人體驗時，我們創造的是所謂的虛擬世界。傳統的 PC 遊戲、網絡遊戲可以說是虛擬世界的典型。

當我們試圖模擬一個跟現實一樣的模擬世界，又關注外部的物體時，我們創造的是所謂的鏡像世界。現在我們說的數字孿生，如建立一座工廠的數字模型，用以進行維修模擬、運行模擬，這屬於鏡像世界象限。

當我們試圖用數字技術去增強實體世界的物品時，我們所創造的就是圖 2-4a 說的增強現實。比如，當我們安裝智能家居如窗簾，用語音控制它，或者讓它根據光照與你的喜好自動調節時，這樣的做法落在了增強現實象限。

當我們試圖用數字技術去強化個體的體力或記憶，或增強人與人的聯繫，我們所創造的就是所謂的生命記錄。當我們戴着蘋果智能手錶，隨時監控心率時，這樣的做法就落在了生命記錄象限。當我們在微博或小紅書上發圖片記錄生活與心情時，我們也是在用數字技術進行生命記錄，或者說生活記錄。

為便於按現在的方式理解，我們調整並延展出圖 2-4b。下面附上在當下互聯網、移動互聯網及科技產業中已有的一些應用案例作為示例。

- 虛擬世界（個人 / 模擬），示例有：網絡遊戲、Decentraland 等虛擬世界、數字虛擬人、電影與視頻。
- 鏡像世界（外部 / 模擬），示例有：工廠數字孿生、谷歌街景地圖、迪士尼樂園。
- 線上應用（個人 / 增強），示例有：社交網絡、在線會議軟件、Notion 等筆記軟件。
- 線下應用（外部 / 增強），示例有：電商平台、打車平台、汽車導航、電動汽車等。

隨着以互聯網為代表的數字技術與產業的逐漸發展，我們周圍的實體世界與計算機網絡營造的數字世界已經初具雛形。現在，將已經有的各種產品放在圖 2-4b 所示的四象限分類圖中看，我們又發現，現在的各種產品其實主要還是在中心點附近。上下兩個方向的擴張尤其不足，囿於技術發展的局限，現在的技術對實體增強得不夠，模擬出來的實體也是粗糙的。我們預期，以元宇宙為名的新一輪技術創新、產品創新，將在四個象限中都進一步往外擴張。

元宇宙是新概念，但它的一個個雛形又早在我們身邊。曾任施樂公司首席科學家的約翰・希利・布朗說：「展望未來的正確方式不是向前看，而是向周圍看。」接下來的各章，我們來看一系列已經出現在我們周圍的案例。

元宇宙時代，技術長甚麼樣

我們所展望的元宇宙，主要是數字化技術所創造的新世界。我不知道你會不會思考以下這個問題，但這個問題的確困擾了我：「技術長甚麼樣？」或者更形象一點，「用技術創造出來的事物長甚麼樣？」

我們不常問這個問題，我們對身邊的技術熟視無睹。

複雜性科學奠基人、首屈一指的技術思想家布萊恩・阿瑟在《技術的本質》裏，帶我們假想了這樣的場景。假如某天早上起來，過去600年來的技術都消失了：手機、網絡、電、汽車、煤氣灶、馬桶、鋼筋混凝土建築。他說，「你就會發現，我們的現代世界也隨之消失了。……技術無可比擬地創造了我們的世界，它創造了我們的財富，我們的經濟，還有我們的存在方式。」布萊恩寫的這本書試圖探討「技術的本質」①。之前也有很多人反思技術和人的關係：技術是讓我們人類更強大，還是困擾與壓迫我們？

---

① 在《技術的本質》一書中，布萊恩・阿瑟試圖從技術這個事物的內部去觀察其特性。關於技術的特性（也就是他說的「技術的本質」），他的界定很全面，也很複雜。我認為他的主要觀點是「層級結構」與「遞歸性」。這裏直接摘引書中原話供參考：(1) 技術具有層級結構：整體的技術是樹幹，主集成是枝幹，次級集成是枝條，最基本的零件是更小的分枝。(2) 技術具有遞歸性：結構中包含某種程度的自相似組件，也就是說，技術是由不同等級的技術建構而成的。

這裏就不追問這些深刻的問題。我們這裏僅追問一個簡單一些的問題：技術創造出來的事物長甚麼樣？這對我們很重要，因為我們想知道，一個個元宇宙就是我們準備用技術去創造的事物，它們會是甚麼樣子？

技術是甚麼樣子？直接出現在我們眼前的可能是：印刷術、蒸汽機、煉鋼、電、通信、IT、基因技術、材料技術、芯片、軟件、人工智能、雲計算等。也可能是各種各樣的技術產品，從我們身邊的汽車、電腦到讓我們激動仰望的航天飛機、太空站，從看得見的高速公路、高樓大廈到基本上看不見的電網、移動通信網絡等。也有人會說，工廠、金融體系、城市、互聯網都是技術的產物。是的，技術有着太多的樣子，以致我們不知道如何描述它。

我們可以選取幾個最典型的作為技術的樣子的代表。在我看來，用技術創造出來的事物到目前有三種主要的樣子（如圖 2-5 所示）：機器（machines）、系統（systems）和網絡（networks）。選取這三個事物，我想讓自己和你都更簡明地看到，未來我們用技術創造出來的東西會像網絡的樣子。

機器。往更早看，人類用技術創造的石斧、犁、水車等被稱為工具，但在工業革命之後，人類用技術創造出來的典型事物變成了機器：蒸汽機、珍妮紡紗機、火車機車。在科技博物館裏，我們可以看到各種各樣的機器。在人類的對面，站立的是機器，這些機器是人類達成目的的手段。在今天的生活裏，我們也幾乎無意識地接受機器——我們買回電視機、電腦、手機、汽車等機器，享受技術帶來的生活便利。

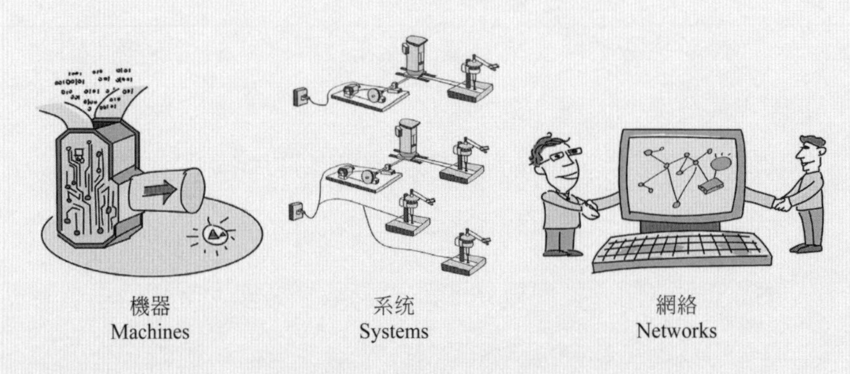

圖 2-5　技術產品的三種典型：機器、系統、網絡

註：圖中三個漫畫圖示來自方軍的《小島區塊鏈》一書，繪畫作者為小游米。

系統。更具象一點的形象是工廠。工廠是由眾多的機器組成的，它們聯合起來完成一個更大的任務。同時，我們還會注意到，工廠裏不只有機器，還有工人與管理者，還有經營與財務，即工廠是由機器、人員、管理共同組成。

因此，較為準確但不那麼具象的說法是「系統」。豐田汽車的生產體系也就是它的設計、生產、營銷的整套系統，被詹姆斯・沃馬克等管理學者命名為「精益生產體系」。他們寫了一本管理學名著《改變世界的機器》，書名中用「機器」做比喻以讓人們更容易理解「系統」。

現在，我們對於系統已經習以為常，習慣於把技術創造出來的事物看成是系統。比如，我們會說起計算機的操作系統、企業的經營管理系統。又如，網絡遊戲中玩家與代碼複合而成的事物被稱為系統，2007 年，《南方週末》中的一篇流傳很廣的文章——《系統》，講的就是遊戲。我們也會類比說，我們要更新自己個人認知的操作系統。不知不覺中，我們都接受了，技術就是系統。

這裏，我再借布萊恩在書中的戰鬥機案例，來給你呈現包括非常多層級的、複雜的系統。F-35C 是常規的艦載戰鬥機，它符合我們心目中典型的機器的形象，當然其規模比常見的機器要大得多。一架戰鬥機可以拆解為機翼與機尾、發動機、航空電子系統、起落裝置、武器系統等子系統，每一個子系統又可以進一步拆分。我們還可以從戰鬥機往上再看：F-35C 戰鬥機是艦載飛行聯隊的一個組成部分，聯隊包括其他的戰鬥機、後勤飛機。飛行聯隊又是航空母艦的一個組成部分。航母母艦又是航空母艦戰鬥羣的一個組成部分，通常戰鬥羣還包括護衛艦、驅逐艦等。戰鬥羣又是更大的軍事系統集團戰區的一部分，集團戰區包括航母艦隊戰鬥羣、陸基航空單位、海軍偵察衛星等。

網絡。迄今為止，商業化的互聯網已經發展了近 30 年，我們都已看到，對我們當前工作、生活影響最大的技術創造出來的事物是互聯網。

也許有人會認為，互聯網是眾多的網站、App，是背後的海量服務器、數據庫、軟件代碼、數據與算法，是背後的眾多互聯網平台公司和員工，也就是把它看成是機器或系統。不，它的本質特徵是，它是一個網絡，或者如互聯網（internet）這個詞所說的，相互交織的網。

具體到每一個互聯網產品，它們也都是網狀的：微信是人、即時訊息、資訊信息交織起來的網絡。滴滴出行是由軟件平台系統協調的司機、乘客、車輛的網絡。淘寶是由電商平台系統協調的賣家、買家、快遞公司、直播網紅、其他服務商的網絡。

在看到當下由技術創造的事物的主要形態是網絡後，我們環顧四周會立刻發現，技術已經創造了各種各樣的網絡：電網、鐵路網、高速公路網、電信網絡、信用卡網絡。如果進一步擴大範圍，我們會看到，貨幣金融系統是經濟技術與社會技術組成的網絡，人類的語言、溝通與信息是網狀的，城市這個人類最大的可直接看到的技術創造物實際上也是網狀的。值得注意的是，幾乎所有這些網絡中的節點不只是機器，也包括了人類，就像互聯網一樣。

了解了三個典型的技術的樣子，我們發現它們三者還可以連起來看：機器被附加更多東西組成了系統，而系統是網絡的「操作系統」。滴滴出行所創造的是網絡，而滴滴公司和 App 是這個網絡的「操作系統」，現在它的通行名字叫「互聯網平台」。

總之，網絡可能是當下及未來技術創造出來的事物的主要樣子。放在本書的討論背景下，我們可以接着說，一個個元宇宙是一個個網絡。

在這樣的脈絡下，我們就可以把技術的探討和互聯網思想家們眾多對互聯網和網絡的探討連接上了，從中汲取智慧。這裏僅列舉幾個能立刻想得出來的，如分析網絡結構的巴拉巴西、偏重宏大視角的凱文・凱利、寫下網絡經濟學的早期著作的卡爾・夏皮羅與哈爾・范里安等。

我們很多人還會接着想，如類似布萊恩・阿瑟那樣的提問：「網絡的本性像甚麼呢？」凱文・凱利在他的早期作品《新經濟，新規則》中所列的十個規則，現在看仍能很好地回答這個問題。他的回答或許可以直接引導我們對元宇宙的思考。這裏列出來供你參考：蜂羣比獅子重要；級數比加法重要；普及比稀有重要；免費比利潤重要；網絡比公司重要；造山比登山重要；空間比場所重要；流動比平衡重要；關係比產能重要；機會比效率重要。

我在《失控》中文版扉頁上記錄了一段英文，它是對《失控》這本書的介紹：（它記錄了一個新時代的黎明，在這個新時代）驅動我們經濟的機器和系統是如此複雜與自主，以至於與生物無法區分。[①]《失控》這本書討論的是網絡，我這裏用鍵盤錄入這段英文引文時才發現，這幾個詞連起來恰好是我們提到的三個技術的樣子：機器、系統、網絡。

① 英文原文為："a new era in which the machines and systems that drive our economy are so complex and autonomous as to be indistinguishable from living things"。

元宇宙第一塊基石

大規模協作

03

你所知的第一個元宇宙：維基知識之城

埃里克·雷蒙德

開源軟件觀念引領者、《大教堂與集市》作者

如果開發協調者至少有一個像互聯網這樣好的溝通媒介，並且知道如何不靠強制來領導，那麼多人合作必然強於單兵作戰。

斯蒂芬·茨威格

《人類的羣星閃耀時》作者

到不朽的事業中尋求庇護。

讓我們接着從凱文・凱利的經歷說起。在《必然》的開頭，他講了自己的故事。13 歲時，他和父親去參觀計算機展覽。他的父親興奮不已，在 1965 年，他的父親從 IBM 這些公司製造的早期計算機中看到並想像出了未來。凱文・凱利不以為然，他看到的是連屏幕都沒有，更沒有語音，只能靠打孔卡片輸入，在紙上打印一些數字的長方形鐵櫃。這和科幻小說裏看到的計算機完全不一樣，「這些不是真正的計算機」！

後來在 1981 年，在一所大學工作時，凱文・凱利有了一台蘋果公司的 Apple II 計算機。比他晚幾年，我自己在上小學時也曾經用過這種蘋果電腦，我們用它編寫 BASIC 程式，在屏幕上顯示圖形。接觸到個人電腦後，凱文・凱利還是認為，這也不是「真正」的計算機，他寫道：「它並沒有給我的生活帶來甚麼改變。」

幾個月後，當凱文・凱利把電話線插進這台蘋果電腦的調制解調器，他看到了未來——我們現在每個人都身處其中的互聯網。凱文・凱利寫道：

> 突然間一切都變得不一樣——電話線另一端是一個新興的宇宙，它巨大無比，幾乎無垠。
>
> 這根電話線中的傳送門開啟了一個新的東西：它巨大，同時又能為人類所感知。它讓人感到有機而又非凡無比。
>
> 它以一種個體的方式將人與機器連接起來。

他的結論是：「回想起來，我認為在計算機與電話線連接之前，計算機時代並沒有真正到來。相互孤立的計算機是遠遠不夠的。當計算機接入電話線並與之融合為強壯的混合系統，計算的深遠影響才真正展開。」

1965 年計算機展覽上的計算機是雛形，加上屏幕的個人計算機是進一步發展。當計算機聯網後，未來到來，至少對一部分人是如此。當我們每個人的電腦、手機、手錶甚至眼鏡都可以接入網絡時，對多數人來說，未來已來。

元宇宙，即對於立體互聯網和價值互聯網的未來設想，是我們試圖再向前躍出的一大步。但我們應該看到，我們現在的電腦上和手機上的互聯網，其實已經是元宇宙的雛形。

我們現在的感覺跟 13 歲的凱文・凱利有點像：這些已知的一個個元宇宙和科幻小說裏講的、荷李活電影裏呈現的似乎差距太大，它們不是「真正」的元宇宙。請重新想一想，它們或許是真的。它們已經有了心與腦，只不過還缺少眼睛、耳朵、嘴巴及其組合起來的臉。

維基百科：知識之網是如何織成的

在某種意義上，元宇宙是在數字疆域中塑造一個個世界，更具象一點說是塑造一座座城。或許出乎你的意料，我們所知

的第一個元宇宙其實是維基百科（Wikipedia）——一座事實性知識之城。元宇宙是參與者工作與生活其中的空間。維基百科向我們展示，它的參與者在其中工作也就是參與詞條的編輯，共同創造了一個偉大的事物，也就是維基百科這個知識的網絡。

最初，人們不過是想用眾包的形式塑造一部數字版的《大英百科全書》。百科全書形象地展示人類知識的集合。現在我們看到的是，維基百科造就了一部近乎無所不包且極速更新的百科全書。

2000 年年初，吉米・威爾士想在網上創建一部可以公開閱覽的百科全書。他創建了 Nupedia，他選擇的做法是，所有的條目發佈前都要由專家審核。這是傳統的百科全書的做法，由專家撰寫，由專家審核，然後正式出版。但在信息時代，這個做法太慢了——18 個月，僅僅編輯完成了 12 個條目。

偶然的機會，主編拉里・桑格遇到了名為 Wiki 的網絡協同編輯技術的一個開發者，他們開始想到，Wiki 可能是創建一部更開放的百科全書所需要的技術：每個人都可以在網頁瀏覽器上編寫和修改百科全書條目。一個名為 Wikipedia（維基百科）的網站由此誕生，誰都可以編寫條目。它與專家編寫內容的 Nupedia 並行運行。

最初，這個誰都可以編寫條目的百科全書條目的增長並不是特別快，但足以讓創始團隊把注意力全部放到它上面，因為遠超專家撰寫與審核的 Nupedia。2001 年 2 月，英語維基百科超過 1 000 個條目，9 月超過 10 000 個條目，2002 年 8 月，條目數超過 40 000 個。

它很快以驚人的速度成長，並且成長的方式出乎人們的預期。2001 年 5 月，有了包括中文、德文、希伯來文等 13 個非英語維基百科。3 年時間，維基百科的條目數量達到 10 萬個，超過了《大英百科全書》8 萬條目的規模。2021 年，維基百科有近 124 萬個條目，它覆蓋了人類知識的方方面面。它上面還有着各種各樣的鏈接，把我們鏈向網絡上更大的知識世界。

那麼，它的內容質量如何呢？在過去 20 年中，人們一再爭論維基百科條目的內容質量，事實證明，它的優秀條目已經變得越來越精確，精確度並不低於傳統的百科全書。但它的更新速度要快得多，一個新條目也許要幾年才有機會登上傳統百科全書，而在維基百科可能會短到幾分鐘。2001 年發生的「9•11」恐怖襲擊事件是維基百科發展中的關鍵時刻，在電視上人們找不到答案，於是轉向維基百科去尋找事實性知識，眾人一起編輯的維基百科快速地滿足了大眾的需求。

2005 年發生的一個插曲展示了維基百科的自我更新速度。權威科學雜誌《自然》刊登的一篇嚴謹的報告指出，經 42 位專家評審發現，在維基百科的科學條目中，每一項有大約 4 個錯誤，而《大英百科全書》有大約 3 個錯誤。《大英百科全書》對報告結果提出異議，而維基百科則立刻寫信給《自然》雜誌，要求得到錯誤的詳細信息，它可以即刻修改這些錯誤。

當然，現在的維基百科並不完美。成千上萬有電腦就可以編輯條目的人中，可能有因虛榮或自私自利而偽造條目的人。有些條目充滿偏見，也有人編寫有違普適性道德的惡意內容。這恰恰就是網絡的特性，網絡強在數量和迭代速度，在優質的頭部，質量遠超過一般水平，但誰都可以編輯會帶來局部的錯誤或惡意內容。但我們必須接納網絡局部的混亂，其實，健康的混亂甚至是網絡活力的重要指標。

現在，維基百科已經成為互聯網上事實性信息的基石。它成功地把我們知識世界的重要部分映射到了數字空間，並仍在持續生長。現在，在學術論文中引述維基百科仍被視為不夠嚴謹，但在資料調研時，維基百科已經變得不可或缺，正如維基基金會的首席產品官托比・內格林說的：「老師們過去常說『不要看維基百科』。現在，老師們會說『查查維基百科，但這只是最基礎的』。」

「你為甚麼不編輯一下呢？」

Wiki 這個網絡協同編輯技術在背後支撐着維基百科的持續生長。在社羣中，每個人都可以參與編輯。開發它的程式員沃德・坎寧安回顧說[①]：「如果你點擊一個鏈接，而沒有查到相關的

① 口述資料源自 Tom Roston 的 An Oral History of Wikipedia，the Web's Encyclopedia，https://36kr.com/p/1086475774017797。

信息，它會說：『查詢不到相關信息，你為甚麼不編輯一下呢？』你現在不僅僅是一個讀者，你還是一個作者。」

多年前的1971年，喝得醉醺醺的科幻作家道格拉斯・亞當斯冒出一個想法，看着自己帶的《歐洲漫遊指南》，又抬頭看看天上的星星，他生出寫《銀河系漫遊指南》的主意。這將是旅行書和百科全書的一個混合體，但不同的是：任何人都可以投稿，而不是由專家撰寫。[①]

這個想法很好，但傳統的書籍做不到，在網絡時代有各種技術的支持，這個想法變得平常。現在的維基百科，正如在過去8年中負責維基百科、於2021年4月卸任的執行董事凱瑟琳・馬赫說的：「我們的願景是建立一個人人都能分享所有知識的世界。」

從技術發展路徑上講，從由專家編寫、專家審核的Nupedia轉向社羣中每個人都可以參與編寫的維基百科，幾乎是一種必然。推動互聯網發展的人們相信嘈雜又充滿活力的集市模式。在引領開源軟件運動的觀念之作《大教堂與集市》中，埃里克・雷蒙德講述了兩種軟件開發模型：一種是「自上而下」的大教堂模型，體系嚴謹規範；另一種是「自下而上」的集市模型，嘈雜又充滿活力。維基百科所採用的正是集市模型，每個人都可以參與編輯、貢獻想法。

---

① 源自《經濟學人》雜誌關於維基百科的評價文章，https://zhuanlan.zhihu.com/p/344459796。

維基百科現在是互聯網上最大的信息服務平台之一，內容規模和用戶規模堪與谷歌、Facebook 等巨頭比肩。但或許你已經知道，它的背後沒有一家科技巨頭式的大型公司。它和矽谷的技術、精神有着千絲萬縷的聯繫，但和矽谷的公司沒有任何相似之處。在它的背後是一家非營利的基金會「維基媒體基金會」，基金會靠在網站上呼籲捐款維持軟件開發與服務器運轉。

它的成功，源自無數願意參與編輯的人，如《經濟學人》雜誌在維基百科 20 週年時評述的：（它的成功源自）20 世紀末互聯網特有的技術樂觀主義。它認為普通人可以把電腦當作解放、教育和啟迪的工具。

它的成功，在於無數人努力把自己的知識分享給所有人，比如，它上面幾乎所有的內容都是採用「知識共享」（creative commons）協議，任何人都可以自由且免費地使用。

它的成功，也源於數以百萬計的社羣參與者遵循着名為「五大支柱」的基本原則。社羣中的眾人一起細化出編輯方針與指引，用它們來引導所有人的行為（參見知識塊「維基百科基本準則：五大支柱」）。維基百科「關於我們」的頁面寫道：「每個人只需要符合維基百科的編輯方針，都能夠自由添加信息、參考資料或者註釋。不需要擔心不小心破壞維基百科的架構，社羣成員們會適時地提出建議或者修復錯誤。」

維基百科基本準則：五大支柱

維基百科是一部百科全書

我們這部百科全書結合了許多通用的專門百科全書以及年鑒、方志的元素。所有文章與編輯必須遵循非原創研究且力求準確的原則。維基百科不是一個發表個人意見、經驗或討論的地方。同時，維基百科亦不是未經整理、雜亂無章資訊的存放處。

維基百科採用中立觀點

這意味着我們必須按照中立、準確的立場來撰寫條目。為了達到這個目的，我們需要在條目中準確地表達和解釋各方的觀點，並以平等的態度對待各個觀點 —— 不可將其中一些觀點演繹為「真理」或「最佳觀點」。因此，我們也應儘量引用可供查證、權威性的資料，以使條目內容（尤其是有爭議的話題）的中立性和可靠性達到一定程度。

維基百科內容開放版權

維基百科依據知識共享署名 - 相同方式共享 3.0 協議（部

分內容使用 GNU 自由文檔許可證）開放版權，所有人均可自由地發佈、鏈接和編輯維基百科的內容。基於這個原則，你所貢獻的所有內容均會開放給社羣內所有用戶編輯和發佈。

維基人以禮相待、相互尊重

維基人是講求文明的 —— 就算你不同意其他維基人的觀點，仍請尊重他們，避免人身攻擊或以無差別的概括言論攻擊其他維基人。在進行討論時，請以達成共識為重，並以保持開放、友好和包容的心態參與討論。在討論白熱化時，請保持冷靜，避免編輯戰或違反「回退不過三」原則。請不要為闡釋觀點而擾亂維基百科，並請假定其他維基人是善意的。

維基百科不墨守成規

維基百科制定有方針與指引，但並非板上釘釘不可更改，其內容和解釋可以逐漸發展完善。方針與指引所蘊含的原則和精神比字面措辭更為重要，並且有時為了改善維基百科允許例外的出現。請你大膽但不要輕率地去編輯、移動或修改條目，也不要苦惱無意所犯的過失，因為頁面的每次更改都會被保存，所以所有錯誤都能被輕易改正。

資料來源：https://zh.wikipedia.org/wiki/Wikipedia，在不改變原意的情況下略有刪節。

維基元宇宙的背後：大規模協作構建全球知識體

我們的論點是，維基百科是事實性知識的元宇宙。更重要的是，它由數千萬人在過去 20 多年中大規模協同建成，這可能是未來一個個元宇宙建成的主要方式。因此接下來，我們來看看，我們可以從維基百科學到的關於法律實體、社羣組織、協作方面的經驗。

在討論這些經驗之前，我們來比較一下谷歌與維基，我認為，我們要建立的一個個元宇宙網絡可能會更多地採取維基之路。

谷歌路徑 vs. 維基路徑

建設一個知識的元宇宙，或者按我之前在《付費：互聯網知識經濟的興起》中提及的「全球知識體」，我認為可能有兩種路徑：谷歌路徑與維基路徑。

谷歌公司的願景是「組織全世界的信息」。它組織了全世界的網站信息，它組織了全世界的地圖信息、街景信息，它組織了全世界的圖書信息，它組織了全世界的學術論文信息。

維基百科靠捐助維護着世界上最大的知識庫。同時，用戶們不要工資，主動地在上面編輯條目。維基百科，是共享的極致，人們共同創造一個全新的人類知識庫。

谷歌和維基百科提供給我們的，不是單條的搜索，不是單個維基詞條，而是一個整體，是一個「全球知識體」。它們二者持續迭代、快速修正、不斷生長。它們都為我們提供最優質的信息，讓信息唾手可得。

它們的主要區別不是營利與非營利，雖然這的確是明顯的差異。谷歌選擇通過廣告獲利，因為它認為商業也可以是美好的。維基百科選擇非營利的方式，它相信非營利更容易構建它所設想的全球知識庫。

它們的主要區別在於構建方式。

谷歌，依賴於機器智能。谷歌主要依賴於算法和機器，搜索引擎爬蟲去獲取全世界的網站，用算法將信息和我們的關鍵詞相匹配。

維基百科，依賴於羣體智能。維基百科依賴於人類的大規模社會化協同，眾人在一個詞條上反覆修改，眾人在所有詞條上反覆修改，最終形成世界上最大的關於事實性信息的知識庫。

谷歌所採用的是用算法與機器進行協作。維基百科，是用互聯網的自組織社羣來取代層級式的組織，它實現了大規模協作。

凱文・凱利曾把共享分為四個層次，如圖 3-1 所示：第一層是分享（sharing）；第二層是合作（cooperation）；第三層是協作（collaboration）；第四層是集體主義（collectivism）。維基百科已經處在「協作」這個第三層次，甚至可以說已經接近於集體主義。

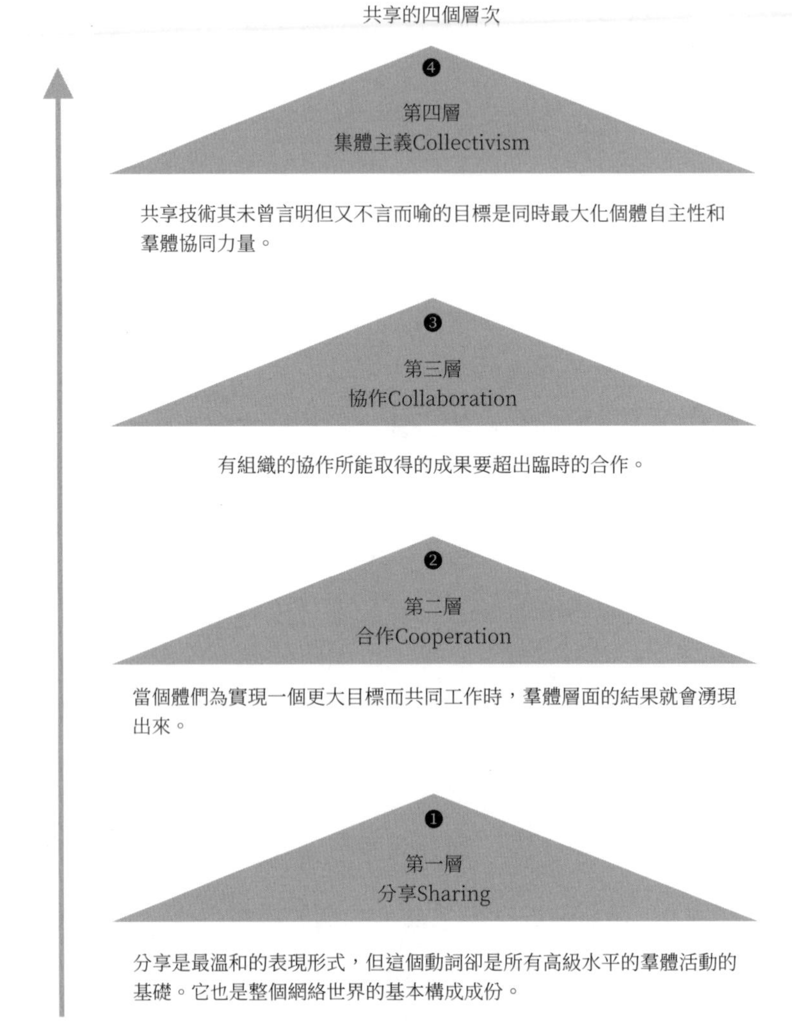

共享的四個層次

第四層
集體主義Collectivism

共享技術其未曾言明但又不言而喻的目標是同時最大化個體自主性和羣體協同力量。

第三層
協作Collaboration

有組織的協作所能取得的成果要超出臨時的合作。

❷

第二層
合作Cooperation

當個體們為實現一個更大目標而共同工作時，羣體層面的結果就會湧現出來。

❶

第一層
分享Sharing

分享是最溫和的表現形式，但這個動詞卻是所有高級水平的羣體活動的基礎。它也是整個網絡世界的基本構成成份。

圖 3-1　凱文・凱利總結的共享的四個層次

資料來源：凱文・凱利 2009 年刊登於《連線》雜誌的文章及 2016 年出版的圖書 *The Inevitable*（中文版為《必然》）。

維基元宇宙的獨特經驗：基金會與社羣化

過去，當我們借鑒維基百科的經驗時，我們都試圖將它的經驗用到「公司」語境中去。時過境遷，數字世界的建設到了元宇宙階段，我們發現它的一些獨特經驗可能成為未來普遍性的做法。

當我們想要構建一個個元宇宙時，維基的理念值得我們仔細思考，我用一句話總結：「免費提供給所有人，讓所有人可以參與其中。」這需要構建與現代商業社會中典型的公司不一樣的法律實體與組織架構。

維基百科的運作實體不是一家屬於創始人與股東，目標是做大做強、獲取超額盈利的公司，而是一家非營利的基金會。它靠眾人的小額捐助支持軟件開發與服務器等基礎設施的運轉。

現在，眾多開源軟件都是用基金會機制來運作的。Linux 操作系統背後是 Linux 基金會，華為的鴻蒙操作系統源代碼捐獻給了開放原子開源基金會。在區塊鏈領域中，如以太坊等公鏈的機制略有不同，它的平台系統與社羣帶有所謂的「內部資本」（internal capital），但在法律實體結構上現在管理它的也是一家註冊於瑞士的基金會。我們在第 6 章會專門討論以太坊案例。

維基百科採用基金會這個結構使得它不是屬於某些人，而是屬於所有人。

這個結構使得維基百科基金會的專職團隊只做最必要的基

礎設施建設，而把其他任務留給所有參與者。在相當長的時間裏，基金會只有幾個人，現在的人數在 300 人以內，僅為同等規模網絡公司的百分之一。

這個結構使得維基百科採用在軟件代碼支持下的社羣化的組織方式。在我看來，維基百科的社羣化組織方式有三個特點。

第一，眾人通過 Wiki 這一網絡協同編輯工具共同編輯內容。沒有相應的技術做支撐，大規模協同是不可能產生成果的。

第二，眾人共同形成社區的基本準則（即「五大支柱」），共同形成編輯方針與指引。這是一個按原則運行的社羣。

第三，在長期的發展過程中，逐漸地形成了處理分歧與爭議的機制。

具體而言，它的爭議解決機制是基於 Wiki 軟件與一系列原則、操作流程運行的。其中一個主要的操作流程是所謂的「大膽、回退和討論」編輯循環（bold, revert, discuss cycle），大膽地編輯，有問題先回退，再討論及做出定論。另外，它設有仲裁委員會（Arbitration Committee）作為最後的爭議解決手段。仲裁委員會還對嚴重行為不端的用戶有包括警告、禁止編輯、禁止參與主題討論、禁止瀏覽維基百科等在內的處罰機制。

如果用現在時髦的詞語來說，維基百科是按所謂分佈式自治組織（decentralized autonomous organization, DAO）的方式來運作的，基於相應的技術工具，按原則運行，存在有效的分歧與爭議處理機制。在第 8 章，我們會專門討論 DAO 。

社區組織的三個經驗

維基百科是自組織的大規模協作社區，在社區組織上，它有這樣三個經驗值得重點關注。

第一，有大量志願者從事專業化分工的工作。維基百科並不是放任自流的社區，它有大量專業、熱情的志願者在管理網頁、尋找圖片、協調矛盾等。志願者取代了層級式組織和員工。

第二，靠社區來保證內容的高質量，靠快速迭代來提高質量。前面提到，《自然》雜誌指出錯誤後，維基百科可以快速改正內容。

第三，讓社區像一個公園，小心謹慎地處理懲罰。維基百科也有用戶「搗蛋」的情況，不過創始人威爾士儘量小心謹慎地處理懲罰，他試圖在熱情和規則之間取得平衡。他說：「我們將制定嚴厲的措施來進行網絡監督。」但他又說，做法是：「我們把它經營並且整理得像個公園，這樣人們不會感覺到他們住在貧民窟，可以隨意地向窗戶扔石頭。」

大規模協作的三個經驗

維基百科的關鍵經驗是大規模協作。數字經濟之父、近年來著有《區塊鏈革命》的唐・塔普斯科特[①]曾經在《維基經濟學》

---

① 《區塊鏈革命》中文版中將作者名字翻譯為唐塔普斯科特。

中強調：在大規模協作中，要竭力降低協作成本。他認為，滿足如下三個條件，大規模協作將運行得最好：第一，生產的目標如果是信息或文化，則可以使貢獻者的參與成本最低。第二，任務可以分解成小塊，這樣單個生產者能夠以小的增量進行貢獻，並且獨立於其他生產者，這使得他們投入的時間和精力比他們得到的利益回報要少得多。第三，將這些模塊整合成一個成品的成本，領導能力和質量控制機制的成本必須要低。

在這裏，我們從另一個同樣偉大的大規模協作項目——開源的 Linux 操作系統再借鑒一些具體經驗。政治經濟學家、加州大學伯克利分校教授史蒂文・韋伯在《開源的成功之路》中把開源的成功指向了兩個方向：代碼開源所指的新的財產權形式；人們協作起來完成如此複雜產品的協調機制。

從操作方法出發，我將 Linux 的大規模協作經驗總結為三個。

第一，雄心要大，落點要小。

這個改變世界的操作系統，它的起源不過是芬蘭大學生林納斯・托瓦茲寫着玩的、用來練習的操作系統而已。他的自傳標題更是清晰表明瞭他的輕鬆心態：「只是為了好玩」（Just for Fun）。

第二，先用起來，再尋求改進。

眾多的新的知識體，都不是完美的。如果是針對傳統的產品，我們大概要試圖追求完美。但是，在開源社區這樣的知識體裏面，有一個關鍵性的原則：「先用起來，再尋求改進。」

這條原則產生於 Linux 的早期，當時為了讓 Linux 能更好地處理互聯網 TCP/IP 協議，兩種觀點產生了激烈的衝撞：一種是「先用起來，再尋求改進」，另一種是「為了實現完美宏大的設想，就必須拋棄過去，從頭編寫代碼」。

「先用起來，再尋求改進」，最終成為開源社區的基石性原則。我們可以看到，谷歌、維基百科實際上也在應用着這樣的方法論。奇妙的是，用戶使用得越多，改進就越快，這進一步證明這個原則的價值。

第三，降低協作的成本。

要構建偉大的知識體，還有一個關鍵，就是要想盡辦法降低協作的成本。很多程式員都知道，2005 年，林納斯創造了另一個偉大的技術工具 "Git"，一個全新代碼管理和部署工具，讓全世界的代碼開源協作變得更加容易，如名字所暗示的，極受歡迎的 GitHub 開源代碼託管社區是圍繞這個技術工具建立的。林納斯創造 Git 是為了更好地協調 Linux 內核代碼的開發，降低協作的成本。

人們或許會認為，以 Linux 為代表的開源軟件和以維基百科為代表的開源信息網絡並不是當今互聯網的主流，互聯網的主流是那些科技巨頭公司如谷歌、Facebook、騰訊、阿里巴巴等。這個看法沒錯，但又不全對。開源軟件、開源信息在互聯網中所佔的份額很高，它們中的優秀項目的生命週期很長，更重要的是它們對未來的影響可能更大。

在探索未來元宇宙的構建時，我們會一再看到，眾人在基本結構上參考的是它們，而不是那些已經存在的科技巨頭。這正是我們深入討論的第一個案例是維基百科這個事實性知識之城的原因。在我看來，它就是未來元宇宙的模樣，它背後的大規模協作是元宇宙的第一塊基石。

知識塊

開源代碼開發中的工作本質

（1）使工作變得有趣並確保其完成。

（2）切中要害，即解決實際面臨的問題。

（3）將重複發明車輪的次數降到最低。

（4）在可能的時候，通過相同的工作程式解決問題。

（5）規模優勢法則，即眼球足夠多的話所有的 bug 將無處可藏。

（6）工作文檔化。

（7）儘早發佈，快速更新。

（8）侃侃而談，即開源社區中大量地討論。

註：由史蒂文・韋伯在《開源的成功之路》中總結。他借鑒了埃里克・雷蒙德《大教堂與市集》一書的分析，在此我也再次推薦你閱讀雷蒙德這本書中約 2.5 萬字的同題長文。

人們為何和如何大規模協作

在理解維基百科、開源軟件和網絡上的很多內容創造物時，人們總會問起兩個問題。

- 個人動機問題：這些人為何參與編輯或編程？
- 集體行動問題：這些分散的行動如何聚集成偉大的成果？

個人動機問題的解答：認知盈餘

在看不到直接收益（如工資）的情況下，這些人為何勤奮地工作？對此有多種可能的解釋。

- 在網上發表內容，可以獲得即時的反饋。發圖片得到點讚的人都了解這種快樂。
- 人們樂於為自己的喜好努力，或獻身於偉大的事業，而不求回報，「我就是喜歡」。
- 人類天性裏有着利他精神，樂於分享，而不是時刻都考慮着經濟學的理性利己。
- 所謂的「免費＋付費」(freemium) 模式，即很多行為最終邏輯還是經濟理性，比如有些網紅發表免費內容是為了獲取關注，最終商業變現。

這些解讀各有其道理。在過去20年中，我最喜歡的解讀是所謂的「認知盈餘」——我們大量的空閒時間，對於現代人與知識工作者來說就是認知盈餘，是新的全球性資源。它會外溢，形成偉大的事物。知名互聯網研究者克萊・舍基在2010年出版同名著作《認知盈餘》，並因馬化騰的推薦而風靡一時。

我很喜歡舍基用時間做的測算以及與電視的對比：「美國人一年花在看電視上的時間大約是2 000億小時。這幾乎是2 000個維基百科項目每年所需要的時間。」當這些時間轉移到互聯網上去之後，當然大部分還是會變成「殺時間」的消費，但只要有一部分轉為生產與創造，就會創造讓我們驚奇的事物。他認為，哪怕在互聯網上愚蠢地創造和分享舉措如匯集整理數千張搞笑照片，也比變成「沙發土豆」被動地看電視要好。他向來樂觀鼓吹互聯網上任何形式的創造與集體行動。

藉着「認知盈餘」的觀念之光，我們驚喜地看到，舍基幫我們找到一個龐大無比的資源，我們一起感慨時代的美好：

「這是一個不平凡的時代，因為我們現在可以把自由時間當作一種普遍的社會資產，用於大型的共同創造的項目，而不是一組僅供個人消磨的一連串時間。」

對個人來說，這具有極大的意義。在互聯網上，我們能夠找到一羣人一起做自己喜歡的事情，並能夠看到眾人的共同成果隨着時間的累積變得越來越大。就我的體會而言，在知識問答社區知乎、在興趣視頻網站 B 站、在代碼分享平台 GitHub，甚至在專業內容的微信羣，我們無時無刻不在感受他人從這樣的認知盈餘分享中獲得的意義感。當我們參與分享時，我們也能親身體驗到。

至於我們的碎片貢獻是不是為整體添磚加瓦了，自己的眾多碎片能否組成讓自己滿意的大成果，那是下一個問題：這些看似雜亂的行動能聯合起來創造偉大的事物嗎？

集體行動問題的解答：一對組合

集體行動問題就難得多：這些分散的行動如何聚集成偉大的成果？人們是如何協作的？

我們難免會想，烏合之眾能夠成甚麼事？我們大部分人默認接受的協作方式來自現代管理，我們也在商業公司中普遍使用着：專業、熱情、經驗豐富的創始人與管理團隊精心規劃與管理，組織的形式通常是權力集中、等級分明、分工明確，管理者領導公司員工為世界創造優秀的產品與服務。

用我們提到過的開源社區喜歡的大教堂與集市的類比來說，嵌入我們意識中的是大教堂模式。雖然我喜歡集市模式，但必須得承認，它只是說明了現象，但並未給出答案。我們僅僅採用集市模式就夠了嗎？多數時候，當我們放任時，我們看到的不是繁盛的集市，而更多是混亂。

很多人包括我都放棄了接着深挖去尋找答案：交由社區去解決就好了。但《開源的成功之路》作者史蒂文·韋伯的一個說法擊中了我，也就是所謂的「田園式社區」，「志趣相投的朋友們大多數時候意見一致，比較容易達成共識」。

是啊，我們見到的社羣多數是田園式的。但是，諸如維基百科、Linux 這樣的社羣卻是緊張的、衝突不斷的，正如我們曾經待過的高效公司或機構一樣。題外話一句，它們的緊張與衝突各有獨特但很難借鑒的解決方案：維基百科是放任衝突，最終依靠「大膽、回退和討論」編輯循環解決問題；在 Linux 社區，如果作為核心參與者提交質量差的代碼，小心聽到林納斯近乎咆哮式的謾罵。

再做一些檢索與思考，對集體行動問題我暫時的答案是一對組合。首先我承認，不是所有事情都可以交給神奇的社區，對有些任務，傳統的自上而下的管理結構更高效。在這個認識的基礎上，我找到一個關於結構的答案與一個關於個人的答案。

關於結構的答案是，網絡的結構應當是「愚蠢的中心」+「聰明的終端」。這是從史蒂文·韋伯引述的「愚蠢的網絡」中改造出來的說法，這是建立互聯網及其前身阿帕網的一個基本工程原則，愚蠢的網絡的極致就是沒有中心。傳統的網絡不是這樣的：電網的中心是強大的，電網的用戶是沉默的。信用卡網絡的中心是聰明的，用戶是沉默的。電信網絡的中心是聰明的，你的電話是愚蠢的（當然，現在能上網的智能手機是聰明的）。互聯網是反過來的：Wiki 軟件程式是愚蠢的，編寫百科條目的人是聰明的。微信服務器是愚蠢的，聊天的人是聰明的。

但你不要誤解，愚蠢的中心、聰明的終端並不是網絡讓每個人覺得自己是聰明的，是個其樂融融、你好我好的樂園。正相反，這樣的網絡是一個所謂的叢林世界：傑出的事物快速成功，普通的、糟糕的或由好變壞了的事物迅速消失。它甚至有着極強的由網絡特性導致的極度馬太效應，它遵循網絡科學家巴拉巴西說的冪律（Power Laws）分佈，簡單說就是呈現指數級下降的分佈趨勢。在這樣的網絡中勝出是困難的，而反映到其中人的行為上，需要的是林納斯的名言：「莫要空談，給我代碼」（talk is cheap, show me code）。競爭是極度激烈的，由最終結果也就是代碼決定。

關於個人的答案，即一個人在一個網絡中如何行動，我認為答案在管理學者彼得・德魯克的《知識工作者的自我管理》與《卓有成效的管理者》的方法中。

在一個網絡中，你首先要能夠自己做出貢獻，我們可以求助的是彼得・德魯克關於知識工作者自我管理的解答。他讓我們自問的問題有如下幾組，括號中為我所加。我想，曾經在一個網絡社區中業餘貢獻或全職工作的人都會想過其中一些問題。

- 我是誰？我的長處何在？我做事的方式為何？
- 我歸屬何處？
- 我的貢獻是甚麼？（也可以問「我的任務是甚麼」，但問貢獻要好得多。）
- 如何對關係負責？（關注與他人的合作關係，負起溝通的責任。）
- 如何管理自己的下半生？（你不會在一個公司工作到退休，你要自己設計自己的路。）

在一個網絡社區中，可能前一刻你是個人貢獻者，下一刻你成為一個臨時團隊的負責人，甚至承擔重大的管理責任（但大部分團隊成員不是你可以管理與命令的）。這時，我們可以求助的是德魯克《卓有成效的管理者》中說的方法。他講的例子並不都是典型的公司 CEO，而是包括了醫生、將軍、社會組織領導者等各種管理者。管理，是將自己與他人、資金、物質知識資源轉化為成果，德魯克在這本名著以及其他管理著作中講了很多，我認為最重要的正是這本書的書名所闡述的目標：做到卓有成效，即將人、財、物三種資源高效地轉化為成果。

很多人還是會好奇：為甚麼在尋找關於個人的解答時，你會選擇去借鑒一個管理學者的做法？管理，這個詞給人的感覺和網絡、社區格格不入。德魯克和其他管理學者的不同在於看待自己和他人的方式，他把所有人都看成是高度自主的、卓有成效的個人。如果我們回到創建整個數字世界的源頭——最初參與其中的大學或企業研究院裏的教授與研究生們、之後自願參與開源軟件的程式員與黑客們，他們都是高度自主的個人。在未來的元宇宙中，我們每個人都是高度自主的。

元宇宙第二塊基石

三維立體

04

如何建設好的元宇宙：Decentraland 虛擬之城

約翰・里德

《城市》作者

城市是人類文明的典型產物，在這裏展現着人類所有的成就和失敗。

簡・雅各布斯

城市規劃師、《美國大城市的死與生》作者

單調、缺乏活力的城市只能是孕育自我毀滅的種子，充滿活力、多樣化和用途集中的城市孕育的則是自我再生的種子。

2020年4月，在巨大的舞台上，說唱歌手特拉維斯・斯科特隆重登場。他的這一場音樂會有多達1 230萬觀眾「在場」，特拉維斯化身「巨人」（看起來有幾十個人那麼高），在舞台上隨音樂起舞，觀眾可以擠到他身旁一起搖擺。很顯然，地球上沒有一個可以容納上千萬觀眾的演唱會場地，這是在網絡遊戲《堡壘之夜》（*Fortnite*）中舉辦的數字演唱會。

在有史以來最多人同時在線參與的這場名為Astronomical的演唱會中，每個人既是在場的（以自己在遊戲裏的形象出現在演唱會現場），又未曾離開自己的日常生活環境（你就在自己的電腦前）。這一發生在遊戲類數字世界中的規模驚人、影響力巨大的活動，被視為元宇宙崛起的標誌事件之一，被人們反覆提及。需要補充說明的是，特拉維斯・斯科特於2021年11月初舉行的線下演唱會發生嚴重的歌迷踩踏事故，他名聲盡毀，賬號也被遊戲公司從《堡壘之夜》中刪除。

對我和周圍的很多朋友來說，除了《堡壘之夜》，名為Decentraland的虛擬世界是讓我們興奮的另一個元宇宙，正如多年前我們因為遊戲《第二人生》而興奮一樣。打開Decentraland，我們會進入一個三維立體的新世界——和我們的城市一樣的立體世界，我們可以在裏面奔跑。嚴格地說，它是一個真實世界縮微模型，但我們並不在乎這一點。任何最初的原型技術產品都是粗糙的，我們可以用想像力來彌補不足。

在Decentraland裏，我們看到許多熟悉的名字：蘇富比拍賣行、雅達利（Atari）遊戲公司、網絡教育機構可汗學院等。

當有人想要參觀一下「元宇宙」時（聽說元宇宙很火，它長甚麼樣？），我往往會帶他去這個虛擬世界，告訴他這是眾多元宇宙中的一個。

《堡壘之夜》、Decentraland 這兩個典型的元宇宙場景都有着惟妙惟肖的三維立體數字世界，極大地激發了我們對未來的憧憬——能直觀地看到，不需要任何文字描述。是的，我們想像着這樣的未來：我們可以建立一個三維立體的數字世界，用戶不再以昵稱或頭像的方式參與其中，用戶也是三維立體的。我們作為用戶，不只是可以在屏幕上看到三維的建築，我們還可以「走進去」。

但我深知，它更接近於塑造快樂體驗的迪士尼樂園或者是展示未來科技的世博會展館，你可能願意進來參觀，感受歡樂與驚奇，但無法在其中生活。現在的它更像是未來元宇宙的城市規劃建築模型，你是無法住進模型裏面去的。

我又一次在 Decentraland 裏四處參觀時，走進了一家公司大樓的大廳，這次去的大樓精心製作了真實辦公樓裏的幾乎所有類型的房間，甚至有一個「設施齊全」的衞生間。休息區有漂亮的沙發，我很想坐一坐，但我做不到。在這個三維立體世界裏，你可以鼓掌、揮手、跳舞，但你沒有辦法完成「坐下來」這個動作。我在網上也聽到其他人的呼聲：「讓我們可以坐下來！」

Decentraland，一個 3D 的虛擬世界

現在看似絢麗的 Decentraland 有着不起眼的開端。2015 年，兩位創始人阿里・梅里奇與埃斯特班・奧爾達諾想做的不過是一個像素版的網格地圖，他們把其中的一個個像素格子分發給參與者，讓大家一起成為這個虛擬世界的「地主」。後來，它演變成了我們現在看到的 3D 版虛擬世界，並最終於 2020 年 2 月正式上線。走入其中的實際感覺和它的建設方式，讓它像一個虛擬城市。

雖然呈現形式上有所變化，但這個虛擬城市的土地整體規劃也就是地圖變化不大（見圖 4-1）。地圖是一個 300×300 的正方形，一共有 9 萬塊土地。中心是所謂的創世廣場，四周的 8 個區以廣場為中心，如蘇豪廣場、亞洲廣場、遊戲廣場、中世紀廣場等。廣場、道路和一些主題區（如大學區、時尚街區、博物館區等）是公共的，而其他虛擬土地則被直接銷售或拍賣，成為私人財產。可售的土地在 2017 年 12 月、2018 年 12 月的兩次拍賣中賣出，所獲資金用於技術研發。

Decentraland 虛擬世界的入口是遊客廣場，我們一躍而下，來到創世廣場（Genesis Plaza）的接待中心。吧台的服務員忙着製作飲料，標誌性的「站立大狗」在我們身邊晃來晃去，牆上點綴的是中本聰的畫像。

蘇富比拍賣行在 Decentraland 重建了其標誌性的倫敦畫廊大樓，坐標為（56, 83）。我這次到訪時，它正在為街頭藝術家班加西佈展，為即將在這一數字大樓中舉行拍賣會做準備。我們還可以參觀博物館區，那裏有眾多博物館與藝術畫廊，坐標為（17, 35）。我還經常去文藝氣息濃厚的一個蘇豪區遊覽，坐標為（61, 61），隨意跳上跑車欣賞街景。

名為「加密谷」(Crypto Valley)的科技園區是我每次帶朋友遊覽的必到景點，坐標為(52, 20)。Decentraland 基金會在此建有自己的大樓和會議中心。國盛證券在園區中有區塊鏈研究院大樓。我們先到訪雅達利遊戲公司的展廳，然後到《阿蟹遊戲》(*Axie Infinity*)的地盤去和可愛的阿蟹寵物玩耍。

在 Decentraland 中有一個名為「龍城」的中國城，是中國人進入這個虛擬世界的必到之地，坐標（97, -89）。我們可以參觀書法展覽，去龍門客棧閒坐，去梨園行聽戲。這裏的中國城有一股混搭風，它的中心區有各種元宇宙建築建設機構、技術研究組織充滿科技感的廣告牌。

在這個元宇宙中，還有很多讓我們感覺自己置身於「他處」的場景。我們可以進入模擬的月球——一個名為阿波羅的場館，我們也可以去水族館主題的俱樂部。我個人則更喜歡那些在實體城市中可能會到的地方：科幻藝術博物館、背景是蜘蛛俠的會議中心。

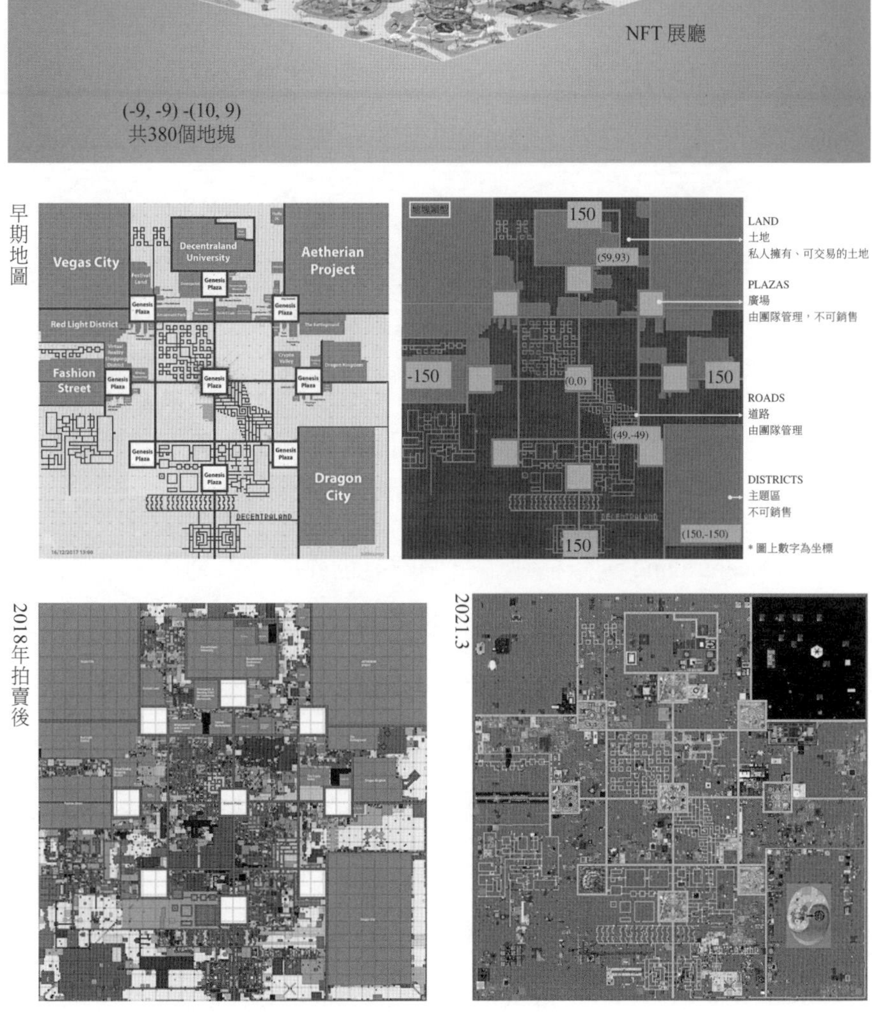

圖 4-1　Decentraland 的創世廣場與虛擬世界的地圖演變

前期，Decentraland 團隊把重點放在了土地規劃與發展上。2019 年，為了優化整體城市規劃，它取消了部分原本作為公共土地的主題區，而將這些土地售賣。它與多個合作方共建了數字原生的科技園區 —— 加密谷。它幾次重建、裝修創世廣場，增加功能建築，使之更美觀，給遊客更好的體驗。

為了讓數字世界中的交易在內部能夠更方便地獨立運行，Decentraland 推出了自己的內部數字貨幣（名為 MANA，相當於遊戲幣），當用戶交易土地或個人服裝、裝備時，他們用 MANA 作為交易媒介。

現在，它是由一個非營利的基金會 —— Decentraland 基金會 —— 來建設與管理的。這個虛擬世界的參與者可以通過分佈式自治組織（DAO）的形式進行投票，參與重大決策和管理。按當前的 DAO 慣例，投票權是與持有的內部數字貨幣數量相關的。

Decentraland 團隊構建了這個虛擬世界的一系列技術基礎設施與工具。它編寫的 3D 引擎可以在普通電腦瀏覽器中渲染出這個虛擬世界。它提供了在 3D 世界中構建建築、個人服裝裝備的編程接口，也為普通用戶提供了可視化的編輯界面。另外，它還提供了一個可以進行土地和個人裝備交易的網頁版市場。

為了讓虛擬城市的人氣旺起來，Decentraland 主辦了不少活動。2021 年 10 月，它舉辦了為期四天的元宇宙音樂節（Metaverse Festival）。每次走近創世廣場的總接待台時，我們都可以在吧台上方看到各種活動的海報，很像在劇院售票處看到的情景。

通常人們認為，Decentraland 這個虛擬世界的第一個可能的用途是品牌展示。各種公司與機構在其中購買土地修建大樓，在自己大樓內組織活動。它也吸引了很多藝術家和藝術機構加入，其中一個主要的藝術形態是所謂 NFT 數字藝術，現在其中已有相當多的 NFT 畫廊。

總結起來，Decentraland 的目標是構建一個虛擬世界，但現在更多地被看作一個 3D 的展示空間。它自己完成了四個方面的工作：

（1）土地整體規劃。

（2）經濟體系。

（3）技術平台。

（4）組織大型活動。

它把另外兩個重要任務交給了參與者：

（1）地塊上的建築設施建設由土地所有者承擔。

（2）治理由社區成員組成的 DAO 承擔。

Decentraland 的技術架構與產品如圖 4-2 所示。它是架設在以太坊區塊鏈上的，所有權管理機制與身份管理機制都依託於以太坊區塊鏈。它的數據則存儲在分佈式的星際文件系統（IPFS）之上，確保無人能在未經社區認可的情況下篡改數據。

圖 4-2　Decentraland 的技術架構與產品

知識塊

用「方塊」構建的3D世界

Decentraland 儘量用視覺上逼真的方式來構建 3D 世界，而其他的一些 3D 虛擬世界（如 Cryptovoxels、The Sandbox）與遊戲（如《我的世界》）則選擇了用「方塊」來構建 3D 世界。它們的場景不如 Decentraland 絢麗，但更容易在電腦上渲染與顯示，也更具有可玩性。

這些方塊叫 Voxel（體素，volume pixel 的簡寫），體素相當於像素的三維版本，如圖 4-3 所示。用二維的情形類比來說，Decentraland 是照片，用體素的相當於像素畫。

用體素來建立 3D 模型的缺點是不夠美觀，優點是在當前的電腦或手機設備上、在較低的網速下都很流暢。因此，開發者可以把重點放在功能、社交、遊戲上，而不是與性能較勁。用體素來構建 3D 世界還有一個好處是，每一個物體都可以被拆至最小的方塊，賦予它們參數與屬性，利用編程進行控制。

圖 4-3　左為 Voxel（體素）概念示例，右為體素組成的 SpaceX 航天公司的元宇宙基地

Decentraland 缺少的是人的活動

作為一個典型的元宇宙原型，Decentraland 在不少方面做得很好，比如它的三維模型、經濟體系，以及吸引人們建設的各種現實中的建築物（博物館、畫廊、公司大樓、遊樂場等），但它也缺少相當多的東西。

在我看來，它的虛擬世界裏雖然經常有各種各樣的事件活動（event），但是幾乎沒有人的個人活動（activity）。這和我們在現實城市中的體驗或社交網絡這樣的虛擬環境中的體會是相反的。在一個現實世界的城市中，我們去辦公室上班，去餐廳吃飯，我們每天在進行着各種各樣的個人活動。城市裏舉辦的大型會議、展覽只是生活的點綴。在社交網絡裏，比如在微博裏，我們寫微博、看微博、點讚，這是我們的個人活動，也是主要活動，而官方主辦的事件活動同樣只是點綴。

如果要在《堡壘之夜》和 Decentraland 中二選一，選出未來元宇宙的原型，我會選《堡壘之夜》。但請注意，我並不是將上千萬人同時參加的演唱會作為未來的原型，而是可以在其中玩樂的遊戲世界。

《堡壘之夜》等遊戲世界有的，正是 Decentraland 缺少的。遊戲是圍繞玩家設計的，而迄今為止 Decentraland 做的是先建城市，還沒有餘力去考慮人。對比而言，遊戲雖然非常重視故事、視覺、音效，但遊戲的主要設計目標之一是讓玩家在其中有事可做。在遊戲中，系統會塞給你一個個任務，你通常受到不斷晉級的誘惑；你會忙着與機器角色（NPC）對戰，或者與網絡上其他的人對戰；你還可能要響應自己所屬的由眾多玩家組成的家族的要求，去參與戰鬥。

類似地，遊戲《羅布樂思》（*Roblox*）雖然沒有接近現實世界的逼真場景，但用戶們樂於以遊戲化身穿梭於三維空間中，完成遊戲中的挑戰，如圖 4-4 所示。

圖 4-4　Roblox 的場景與遊戲化身

資料來源：Roblox IPO 招股書。

剛開始關注元宇宙時，我們會被絢麗逼真的三維立體場景所吸引。但很快，我們意識到，更能接近真實世界的數字世界形態可能是遊戲。網絡遊戲至少提供了三種功能來促進人的活動：

- 目標。在遊戲中，你是有目標的。為你設定目標，這是多數遊戲會做的。你也可以自設目標，比如在《我的世界》和 Decentraland 中你可以自己搭建建築。
- 任務。你有一些事情要做。類似地，這些任務可以是系統設定的，也可以是你自己為自己設定的。但是，如果設定是讓人無所事事地遊盪，這無法帶來一個好的數字世界。
- 社交。沒有人是一個孤島，也沒人願意做一個孤島。身處一個羣體之中，是人的需求；得到他人的認可（遊戲中戰勝對手也是一種認可），覺得自己對別人有用，也是人的需求。網絡遊戲特別是手機上的遊戲，越來越強調玩家之間的社交關係和真實互動。

社交網絡其實就是一個界面沒那麼炫的「遊戲」，這個「遊戲」是跟我們的現實世界緊密連通的，我們的遊戲對手是現實生活中的朋友。

那麼，Decentraland 在目前較好的基礎上，如何進行迭代、與用戶共同建設一個好的未來元宇宙？

如何建設好的元宇宙

Decentraland 更像是在數字世界裏建設一個新城市。在數字世界造一座城，其實與在物理世界中造一座城頗具相似之處。

Decentraland 到現在為止做的並且做好的兩件事，成功地建立了數字城市的雛形：

第一，一座 3D 數字城市的技術基礎。人們有了一起建設的可能性，我們有了土地、鋼筋與磚頭。

第二，一座 3D 城市的土地所有權機制，並相對較好地進行了初步土地分配。如果有較好的激勵機制，土地所有者會努力建設自己的地塊。

這座城市不是屬於創始人、股東等一小羣人的。目前來看，它主要屬於所有的土地所有者。未來，它也可能進一步擴展到屬於每一個城市居民。

Decentraland 的挑戰是，雖然初期它吸引了知名品牌與機構入駐，但是，在這個城市裏，人們能做甚麼，這個問題尚沒有很好的答案。

建造大樓的人在建成後能做甚麼？其他人又能做甚麼？兩者之間能否形成良性的互動循環，是這個數字城市能否充滿活力的關鍵。

現在看，Decentraland 像數字世界的一個博覽館建築羣。

在建設者部分，它吸引了兩方面的人：一是來自實體世界的大機構、大品牌，它們建設自己的第一個數字存在，比如數字品牌展廳、數字總部大樓。二是來自數字世界的原生藝術人士，他們建立自己的數字畫廊、舉辦活動。現在，人們通常把 Decentraland 看成是元宇宙的博覽館，一個展示型的虛擬世界入口。

未來，如果這些人羣在 Decentraland 中進一步發展自己的數字存在，從「展示」走向「互動」，再走向「社交」與「使用」，它就有機會演變為整個元宇宙的真正入口。

Decentraland 現在的狀態其實像兩個城市，一個未建成，一個已建成。未建成的是建築師柯布西耶設想的「光輝城市」或「輻射城市」。在《光輝城市》中，他寫道：「12 ～ 15 層高的住宅樓以鋸齒狀蜿蜒盤旋在城市中。高速公路以 400 米的間距呈網格狀分佈在樓宇之間，個別地方則穿樓而過。所有的路口都採用立體交叉。高速公路上每隔 100 米設有一個半島式的停車場，與住宅樓直接相連……辦公和商業區域與住宅區相分離，通過高速公路相連。60 層高的辦公樓每隔 400 米佈置一座，各個方向都與高速公路相連，每座樓可容納 12 000 個工作崗位……」美國城市規劃理論家劉易斯・芒福德批評說，這是「停車場裏的建築」，「高聳的大樓之間的空地成了人們避之不及的荒地」。

已建成的則是曾被視為太空時代未來之城的巴西利亞。巴西政府將首都從擁擠不堪、建築規劃失衡的里約熱內盧搬走，建設了巴西利亞。初建成時，它就被聯合國授予「人類歷史文化保護城」。但是，1960 年落成後，人們進到其中後發現，這座超現代主義的城市少了一個城市最重要的元素：人。這座未來城市不像設想中的「黃金之城」，反而更像鋼筋混凝土建造的「水泥森林」。我們不必去巴西參觀，只要走進一些地方新建的中央商務區（CBD）或科技城就可以看到缺少人的活動的「水泥森林」，因為晚上八點後這裏幾乎沒有人走動。

一座建築或城市的活力，是由人的活動賦予的。我們期待，Decentraland 能夠逐漸演變為充滿活力的未來之城。現在，我不厭其煩地帶人去參觀，其實既是去看美輪美奐的逼真建築，又是在努力用想像力去描繪充滿人的活力的未來。

如何建設一座
充滿多樣性的活力之城

現在不是我們第一次試圖在數字空間建設一座城。互聯網上每一個擁有大量用戶的產品都像一座城：微信、豆瓣、淘寶、小紅書……

從 PC 互聯網到移動互聯網，我們所建設的數字之城發生了一些變化：過去我們只是以虛擬之身處於網絡中，移動互聯網讓我們的現實之身也能置身其中。

而這一次元宇宙的「造城運動」的新變化是，至少在 Dencentraland 和它的同類裏，我們這一次建設的，是真的有建築物的立體之城。

之前，在探索建設網上城市時，我們就已經意識到數字之城的建設者和城市規劃師的共通之處。數字之城的規劃師，他們和建築規劃師要解決的問題實際上是一樣的：如何規劃一個可實際運轉、人可生活於其中、有活力的城市？

給我們最大啟發的是簡・雅各布斯和她的城市規劃名著《美國大城市的死與生》。

在雅各布斯之前，城市規劃被「想像」主導，建築規劃師往往浪漫地想像城市應該是甚麼樣，如花園城市、輻射城市，然後用這種想像指導城市改造。可以說，雅各布斯獨力扭轉了城市規劃的方向，她讓所有人的關注焦點回歸到「城市在真實生活中是怎樣運轉的」。

在信息網絡領域，烏托邦般的城市夢想的影響也非常大。而雅各布斯揭示的一類城市規劃錯誤在網絡之城中再明顯不過：只知道規劃城市的外表，或想像如何賦予它一個有序的令人賞心悅目的外部形象，而不知道它現在本身具有的功能……

她的解答的關鍵詞是「多樣性」。她整本書的結語是：「有一點毫無疑問，那就是，單調、缺乏活力的城市只能是孕育自我毀滅的種子。但是，充滿活力、多樣化和用途集中的城市孕育的則是自我再生的種子，即使有些問題和需求超出了城市的限度，它們也有足夠的力量延續這種再生能力並最終解決那些問題和需求。」

接下來，讓我們從《美國大城市的死與生》各主要章節中摘選一些有啟發性的精彩觀點。[①] 如果你想了解她的觀察方式和得到結論的過程，建議去讀這本書。

人行道的特性：安全。「一個成功的城市地區的基本原則是人們在街上身處陌生人之間時必須能感到人身安全，必須不會潛意識感覺受到陌生人的威脅。」

---

① 資料來源：雅各布斯·美國大城市的死與生[M]·金衡山，譯·南京：譯林出版社，2005.

人行道的特性：交往。「如果城市人之間有意義的、有用的和重要的接觸都只能限制在適合私下的相識過程中，那麼城市就會失去它的效用，變得遲鈍。……儘管人行道上的交往表現出無組織、無目的和低層次的一面，但它是一種本錢，城市生活的富有就是從這裏開始的。」

人行道的特性：孩子的同化。「對在活躍的和豐富多彩的人行道上玩耍的孩子們來說，在既有男人也有女人的世界裏嬉戲和長大的機會是可能的和平常的（在現代生活裏，這已經成了一種特權）。我不能理解為甚麼這樣的安排會受到規劃和城市區劃理論的抵制。」

街區公園的用途。「一般來說，街區公園或公園樣的空敞地被認為是給予城市貧困人口的恩惠。讓我們把這個說法顛倒一下，把城市的公園視為是一些『貧困的地方』，需要生氣與欣賞的恩惠。」

城市街區的用途。「試圖在城市街區中追尋成功的標準，如高標準的物質設施，或記憶中懷舊的城鎮方式的生活等，都是在白費工夫。……如果我們將街區看作一個日常的自治的機構，那麼我們就會抓住問題的實質。我們在城市街區上的失敗，究其源頭就是在自治的本地化上的失敗。我們在街區方面的成功也就是在自治的本地化上的成功。」

主要用途混合之必要性（條件之一）。「一個街區或地區，如果其目標只是朝着單一功能發展，不管這種發展過程算計得如何精確，也不管實現這個功能的各種必要條件準備得如何完備，實際上這個街區或地區並不能提供實現這個功能的必要條件。」

小街段的必要性（條件之二）。「大多數的街段必須要短，也就是說，在街道上能夠很容易拐彎。……從本質上講，長街段阻礙了城市能夠提供進行孵化和試驗的優勢，因為很多小行業或特色行業依靠從一些經過大街道交叉口的人羣中，招引顧客或主顧。」

老建築的必要性（條件之三）。「如果城市的一個地區只有新建築，那麼在這個地方能夠生存下去的企業肯定只是那些能夠負擔得起昂貴的新建築成本的企業。」

密度之需要（條件之四）。「人流的密度必須要達到足夠高的程度，不管這些人是以甚麼目的來到這裏，其中包括本地居民。」

元宇宙第三塊基石

遊戲化

05

不只是遊戲，還是經濟實驗：可愛的阿蟹

詹姆斯・卡斯

哲學家、《有限與無限的遊戲》作者

世上至少有兩種遊戲。一種可稱為有限遊戲，另一種稱為無限遊戲。有限遊戲以取勝為目的，而無限遊戲以延續遊戲為目的。

簡・麥戈尼格爾

遊戲化研究者、《遊戲改變世界》作者

我們務必要克服對遊戲的長期文化偏見，以便讓全世界接近一半的人不會與來自遊戲的力量隔絕開來。

當年風靡校園的「電子雞」你養過嗎？1996 年，由萬代（Bandai）推出的電子寵物玩具電子雞在全球都成為孩子們最喜歡的玩物。在小小的蛋形玩具上，你可能也曾忙着餵養像素繪成的小雞，在它生病時給它看病。

20 多年後的 2020 年，在菲律賓馬尼拉北部小城甲萬那端（Cabanatuan），阿特・阿特這個 22 歲的青年每天去網吧養一種名叫 Axie（昵稱「阿蟹」）的可愛寵物。他不只是在「玩耍」，這是他的「工作」。微型紀錄片《邊玩邊賺》裏記錄，他每天可以獲得超過當地平均薪金的不錯收入。紀錄片還顯示，在小城中，養遊戲寵物阿蟹成為許多人在疫情失業潮下新的謀生之道。

2021 年，《阿蟹遊戲》（*Axie Infinity*）這款由總部在越南河內的 Sky Mavis 公司出品的寵物遊戲走出東南亞成為全球熱門遊戲（此遊戲並未在中國發行）。在 2021 年 8 月 6 日最高點時，它當天的收入為 1 750 萬美元。是的，一天的收入。全球第一款超過百億美元收入的手遊是騰訊出品的《王者榮耀》，而《阿蟹遊戲》單日收入在最高點時竟然超過了它。更讓人驚奇的是它在 6 ～ 8 月的驚人增長率，其 7 月收入是 6 月的 17 倍。到 2021 年 11 月，《阿蟹遊戲》日收入有所下降，但仍為 1000 萬美元左右。

我們為了對比《阿蟹遊戲》與《王者榮耀》而說「收入」這個詞，但這樣的說法其實有一點誤導。當我們「氪金」（指付錢）買《王者榮耀》的皮膚時，我們付的錢變成了遊戲公司的收入。而在《阿蟹遊戲》中，我們說的「收入」是在遊戲經濟體中新創造出來的，存在於遊戲之中，絕大部分由玩家獲得。

勾起很多人「童年回憶殺」的寵物電子雞，現在再看可能讓人覺得有點幼稚，遊戲寵物阿蟹給人類似的感覺。如果我們把每個現在能看到的元宇宙說成一個城市的話，《阿蟹遊戲》就是幼稚之城。甚至連玩網遊、手遊的玩家都會覺得：這也太幼稚了吧！但正如我們知道的，遊戲裏發生的事經常以獨特的方式暗示着某種人類的未來，人們逃進遊戲世界，獲得難得的短暫快樂。而《阿蟹遊戲》裏發生的事，更預示着不一樣的未來。

《阿蟹遊戲》，首先是一款遊戲

在《阿蟹遊戲》中，寵物阿蟹畫風很可愛，不過無論寵物還是場景都不是三維立體的與寫實的，而是二維平面的與線條式的。它吸引玩家的是遊戲玩法。簡單地說，它是這樣一款遊戲：在《阿蟹遊戲》的世界裏，當你有了一些阿蟹寵物後，你可以讓它們幹三件事 —— 探險、繁殖後代、組隊對戰。

在《阿蟹遊戲》的世界裏，地圖中的土地也由一塊塊的數字土地組成。這一片遊戲大陸叫「Lunacia 大陸」。《阿蟹遊戲》在 2019 年進行了數字土地拍賣，其中森林、北極、神秘、薩凡納等土地類型各有約 1/4 已經賣給了玩家。在這個遊戲世界裏，目前玩家還不能在自己的土地上進行建設，因為相關的技術工具還沒有開發完成。也許在不久的將來，你可以在自己的地塊上建設自己的遊戲樂園，得到地塊上的收穫 —— 金幣、道具或者其他。當然，你也要小心，名為奇美拉（Chimera）的怪獸可能會破壞你的家園，所以你得佈設陷阱、碉堡，和你的阿蟹一起守衛家園。

現在，當你有了阿蟹寵物後，你首先可以做的第一件事就是讓它去探險。這相當於很多遊戲中的練習場，探險中的寵物可以不時地得到一些名為 SLP 的遊戲金幣獎勵。

如果你有兩隻以上的阿蟹寵物，你可以用它們配對繁殖下一代，這會消耗一些遊戲金幣。如果你能培育出稀有的寵物，你就可以在市場上賣個好價錢。

你也可以用三隻阿蟹寵物組隊，去跟別的玩家的阿蟹戰隊對戰。它的玩法很像我們熟悉的田忌賽馬，進行三輪比賽，玩家要精巧地安排戰隊、出戰順序。獲勝者可以獲得多種獎勵，你還有機會獲得遊戲官方定期舉辦的錦標賽的獎金。

如果你沒有合適的寵物（和很多遊戲一樣，強大的寵物道具很昂貴），你也可以去租用。比如，收益公會（Yield Guild，常被稱為 YGG）就提供了這種服務，這種服務有個特別的名稱 ——「獎學金」。玩家可以獲得租來寵物的獎勵收益的 70%，社區裏的服務者即社區經理獲得 20%，收益公會保留最後的 10%。

如果你喜歡玩遊戲，這個遊戲裏面的玩法你不會太陌生。在這個遊戲世界中，當前的玩法是圍繞阿蟹寵物的特性展開的。如圖 5-1 所示，阿蟹寵物包括九種類別：鳥、植物、獸、魚、爬蟲、昆蟲、黃昏、機甲、黎明。每個寵物有六個器官：眼睛、耳朵、角、嘴、後背、尾巴。

每個寵物具有四種由種類與器官決定的屬性：健康值，表示寵物的最大生命值；速度，寵物的攻擊速度；技巧，額外傷害值；士氣，暴擊率。

這九種寵物分成三組，植物、爬蟲、黃昏一組，獸、昆蟲、機甲一組，鳥、魚、黎明一組，三組相互剋制。

每個寵物有四個卡牌，這些卡牌決定寵物參與戰鬥得到的結果。特別地，若一個寵物使用同系卡牌，比如植物類寵物使用植物卡牌，將獲得 10% 增加值。

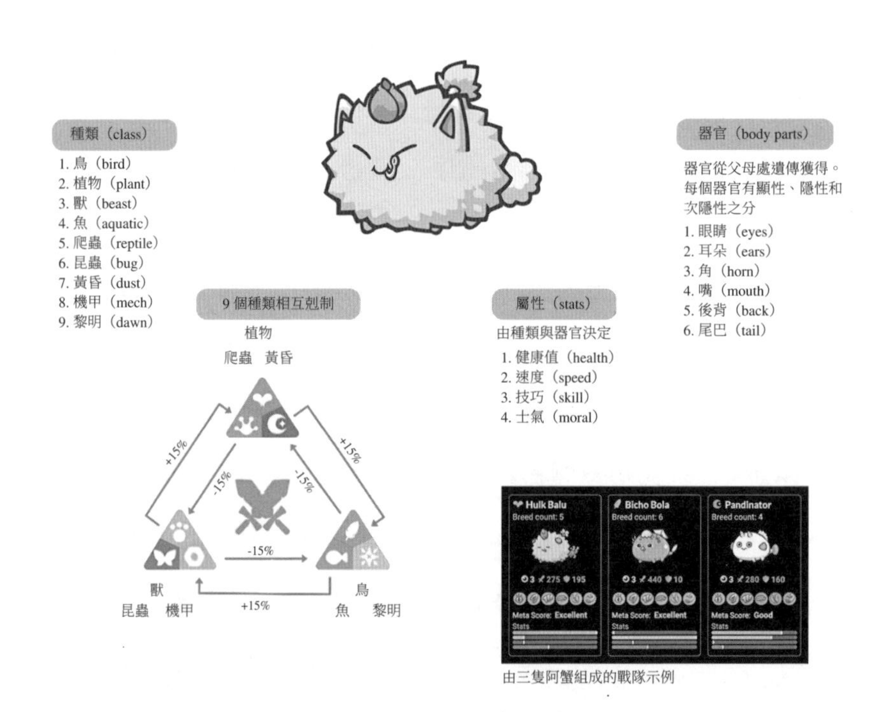

圖 5-1　阿蟹寵物的種類、器官、屬性與相互關係

當兩個寵物進行繁殖時，生出來的寵物繼承父母雙方的器官特性。器官分為顯性器官、隱性器官、次隱性器官，顯性器官的遺傳率是 37.5%，隱性器官是 9.4%，次隱性器官是 3.1%。

這些參數看似紛繁複雜，其實是很多遊戲中的常規設計。在遊戲中，這些設計決定玩家操控寵物與其他玩家對戰的結果。這麼看，《阿蟹遊戲》似乎和很多遊戲沒甚麼不同。

不一樣的《阿蟹遊戲》經濟學

其實，《阿蟹遊戲》與常規遊戲有一個關鍵的不同。你會發現，它模糊了遊戲世界和現實經濟世界的界限。常規的遊戲是，玩家從遊戲廠商購買遊戲道具，遊戲廠商源源不斷地售賣道具、獲取收入。遊戲是遊戲廠商主導的。在《阿蟹遊戲》，遊戲正式開始之後，這些寵物就屬於遊戲參與者了，更多的寵物通過繁殖生長出來。遊戲是按預先設計的遊戲規則與市場經濟邏輯運轉的。

常規的遊戲像迪士尼樂園夢幻之城，我們去消費，迪士尼樂園是商家。《阿蟹遊戲》像現實城市，玩家會在裏面消費，也可以打工。如果這個城市的經濟突然繁榮（如 2021 年第三季度那樣），吸引了很多外來的遊客與商人，玩家在裏面消費、打工收入都會水漲船高。

假設我們從某個時刻開始關注《阿蟹遊戲》，在這個時刻，很多阿蟹寵物已經屬於遊戲玩家。當你進入遊戲時，你可以去向其他人購買寵物，價格是由市場供求關係決定的。

你的寵物在遊戲中探險，你可以獲得 SLP 這種遊戲金幣獎勵。你的寵物組隊對戰獲勝，你也可以獲得 SLP 遊戲金幣獎勵。

當你決定要用兩隻寵物配對繁殖新一代寵物時，你就要消耗 SLP 遊戲金幣。之前，每次繁殖消耗的金幣較少，比如第一代繁殖（兩個寵物第一次繁殖）消耗 150 個 SLP 遊戲金幣，第二代繁殖消耗 300 個，以此類推。

但是，由於玩家在探險與對戰中獲得的新產出 SLP 遊戲金幣太多，因此整個遊戲經濟系統有通貨膨脹的傾向。2021 年 9 月 3 日，《阿蟹遊戲》升級了遊戲規則，第一代繁殖需要消耗 600 個 SLP 遊戲金幣，第二代需要 900 個。增加繁殖所需的 SLP 遊戲金幣，使得遊戲經濟系統的平衡狀況略微好轉，也就是不讓遊戲裏的 SLP 遊戲金幣過多導致通貨膨脹而貶值。

當你用兩隻阿蟹繁殖下一代寵物時，你還需要耗費另一種名為 AXS 的遊戲金幣。在更改規則前，每次繁殖需要 2 個 AXS 遊戲金幣，更改規則後僅需要 1 個。和阿蟹寵物一樣，AXS 遊戲金幣的價格也是由市場供求關係決定的，當時它的價格已經連續上漲了好幾個月。外界普遍認為，7 月至 8 月間每個 AXS 遊戲金幣的市場價格過高。改變規則、降低繁殖所需的 AXS 遊戲金幣數量，從而減少玩家的繁殖成本，這應當能促進寵物繁殖。阿蟹寵物的「人口增長」對於城市繁榮也相當重要。

除了在市場上購買 AXS 遊戲金幣外，玩家也可以在遊戲中贏取。遊戲官方舉辦一輪輪錦標賽，贏家可以獲得獎勵。在 2021 年 8 月開始的第 18 季錦標賽中，遊戲官方給贏家準備了當時價值達 20 萬美元的 AXS 遊戲金幣獎勵。

AXS 遊戲金幣雖然看起來和我們已經在各種遊戲中所用的遊戲金幣很像，但它又顯得頗為複雜。

如果我們把《阿蟹遊戲》看成一家公司的話，AXS 遊戲金幣很像是這家公司的股權，當然其嚴格意義上並不具有股權的屬性。遊戲創始團隊、早期的機構投資者持有的遊戲權益也是 AXS 遊戲金幣，隨着遊戲的發展，這部分遊戲金幣逐漸解凍，即變成可以自由交易的，他們可選擇賣出權益，落袋為安。

如果我們把《阿蟹遊戲》看成一個虛擬國家的話，AXS 遊戲金幣有點像這個虛擬遊戲國度的貨幣與公民權的混合物。在遊戲裏，你可以用 AXS 遊戲金幣支付費用，如支付繁殖費用、在內部市場購買寵物。如果正在進行中的社區化改造能夠順利進行，也就是將遊戲的控制權從遊戲公司 Sky Mavis 轉交給遊戲社區，那麼持有 AXS 遊戲金幣的人就可以像擁有公民權一樣，投票決定遊戲的重大事項，還可以作為公民獲得質押分紅，你可將這看成虛擬遊戲國度發放的公民福利。

遊戲的重大事項不只是指遊戲的設計、規則變更，也涉及這個虛擬遊戲國度的巨額公共財產。2021 年 11 月 8 日，這個虛擬遊戲國度的財政部 —— 社區財庫（community treasury）的現金資產總值高達 32.5 億美元。這些資金一部分是撥備 AXS 遊戲金幣而來的，一部分是遊戲售賣寵物、土地的收入。

由於 AXS 遊戲金幣能參與遊戲以及圍繞遊戲形成的經濟體的治理，人們也稱 AXS 遊戲金幣為《阿蟹遊戲》的治理通證（governance token）。

由於《阿蟹遊戲》非常受歡迎，除了它的遊戲內部市場可以買賣寵物、遊戲金幣之外，在互聯網上，其外部也形成了繁榮的遊戲道具交易市場，它的遊戲金幣、數字寵物、數字土地、建設用的物品均可以交易。請注意，遊戲中的金幣與道具能否在遊戲之外進行交易，取決於遊戲運營所在的國家或地區的相應法律與規定，這在全球範圍內有很大的差異。

本章開頭我們提到的菲律賓馬尼拉的那些人養電子寵物獲得收入的方式，就是把遊戲中獲得的遊戲道具賣掉，變成實體世界中的錢，作為自己在遊戲中工作的收入。這種遊戲玩家在遊戲中獲得收入的情況，也被視為遊戲的新模式，即所謂的邊玩邊賺錢模式（play to earn），與常規遊戲中的所謂「氪金」（pay to play）形成鮮明的對比。

《阿蟹遊戲》中的寵物、遊戲金幣、現金資產都是用區塊鏈技術來管理的。在後面的章節中我們會詳細討論，區塊鏈是一個所有權管理系統：記錄你有多少現金，記錄你有甚麼房產或其他值錢的物品。《阿蟹遊戲》的寵物市場交易也是基於區塊鏈技術搭建的，它未來的社區化治理也利用了相應的區塊鏈技術工具，這些都可以通過在區塊鏈上編寫智能合約代碼來完成。更具體地說，《阿蟹遊戲》是基於以太坊區塊鏈的，但由於以太坊區塊鏈上交易成本高，它又在其上搭建了專用的側鏈 Ronin 供遊戲使用，提高速度、降低成本。

如圖 5-2 所示，《阿蟹遊戲》有着與多數常規遊戲相當的遊戲體驗，但它外部有一個不一樣的遊戲經濟體：一方面，遊戲玩家參與遊戲世界玩樂的同時，也能夠獲得收入；另一方面，遊戲玩家通過持有治理通證，參與遊戲世界的治理，尤其是對遊戲的社區財庫具有話語權。

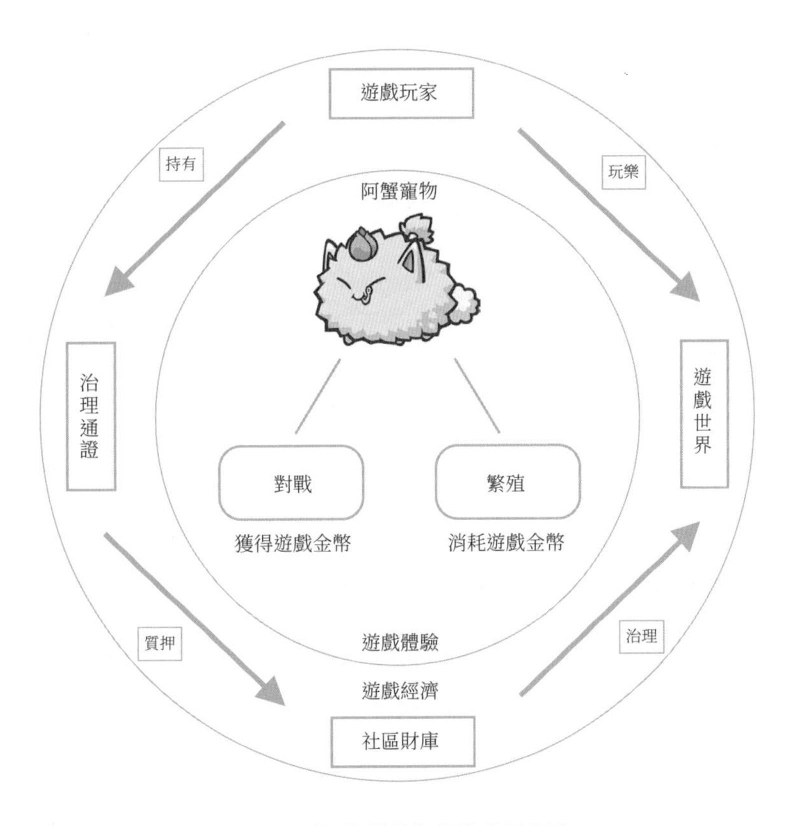

圖 5-2 《阿蟹遊戲》的遊戲經濟體

在當前的各種網絡遊戲中，遊戲公司設計遊戲經濟的目標通常來說有兩個：一是保持經濟的平衡，遊戲中不出現嚴重的通貨膨脹或通貨緊縮；二是實現自身利益最大化，遊戲公司最大化自身的收入。

在《阿蟹遊戲》中，遊戲經濟設計的目標發生了變化：一是經濟的平衡仍是目標；二是目標不是最大化遊戲公司的收入，而是遊戲整體經濟發展最大化，即「以經濟增長為目標」。這和遊戲公司的利益並不矛盾，因為隨着遊戲經濟的增長，遊戲開發者與早期投資者也能因遊戲經濟發展獲得相應的收益。遊戲團隊、早期機構投資者、外部顧問一共持有 32% 的治理通證，他們的收益與遊戲經濟增長目標是一致的。

研究遊戲經濟及虛擬經濟的宏觀經濟學家、美國印第安納大學教授愛德華・卡斯特羅諾瓦的兩本書《虛擬經濟學》和《貨幣革命》很值得關注，前者重點討論的是遊戲經濟體以及如何制定遊戲經濟規劃，後者則關注遊戲與社交網絡等經濟體中與貨幣有關的宏觀經濟學問題。他自己是一個重度遊戲玩家，但他和眾多傳統遊戲研究者的不同在於，他更傾向於把遊戲經濟體類比為現實經濟體，把遊戲中的虛擬貨幣看成真實貨幣，他認為遊戲經濟可用宏觀經濟學邏輯進行分析。他不是僅把遊戲看成遊戲，而是從遊戲與經濟兩端各往前走了半步，並做了一系列精彩分析。我們很多關於遊戲經濟學的新思路正是源自他。

最後總結一下我們對《阿蟹遊戲》的案例分析。《阿蟹遊戲》當然是一個遊戲，但是如果看其背後的運行機制，就會發現它與當前遊戲公司主導的機制有三大差異。

第一，與常規遊戲相比，它更像一個遊戲經濟體。常規遊戲強調遊戲體驗，它更強調經濟規律。它的遊戲道具的價格不是由遊戲公司決定的，而是由市場經濟決定的——由市場自由交易決定。對玩家來說，他們其實參與了兩種遊戲：一種是遊戲場景中的遊戲；另一種是遊戲經濟中的經營遊戲。

第二，這個遊戲經濟體中的產權是有保障的。你擁有一隻阿蟹寵物，沒有人（包括遊戲公司）能剝奪你的產權。你可以把它租借給別人獲取租金，你也可以自由售賣。當然，你要自己保護好自己的寵物，寵物遺失後無人能幫你追回。

第三，這個遊戲作為一個整體不屬於遊戲公司，而是由遊戲的參與者共同擁有。參與者既包括遊戲開發者、早期機構投資者，也包括遊戲玩家、遊戲公會，甚至像我這樣僅僅是圍觀者角色的人，也可以通過持有治理通證成為其中一員。這個「擁有」不只是一個理念，而是由技術和工具落實下來的。

當然，參與者一起擁有這個遊戲也意味着風險共擔。當遊戲欣欣向榮時（這是我在寫下這個案例時所看到的），每個參與者在這個虛擬遊戲國度裏擁有的遊戲金幣賬面上在升值。但是，萬一玩家玩膩了這個遊戲，去追逐下一個更好的遊戲，每個參與者在遊戲中的賬面價值就會下跌，甚至一夜變得一文不值。

但不管怎樣，在《阿蟹遊戲》中進行的這個經濟試驗很有意義。接下來，《阿蟹遊戲》以及其他類似遊戲的起伏跌宕可能會告訴我們：參與者共同擁有一個虛擬遊戲國度，會是甚麼樣的情形；眾人能否一起創造一個持久繁榮的經濟。遊戲中的宏觀經濟的經驗教訓，可能會在構建數字經濟上給我們不少啟發。

「世上至少有兩種遊戲，一種稱為有限遊戲，另一種稱為無限遊戲。有限遊戲以取勝為目的，而無限遊戲以延續遊戲為目的。」在中國互聯網業曾經流行詹姆斯・卡斯的《有限與無限的遊戲：一個哲學家眼中的競技世界》。現在絕大多數網絡遊戲和手機遊戲設定的場景是有限遊戲，而《阿蟹遊戲》正在探索向無限遊戲轉換。

遊戲化讓現實變得更美好

全世界對於遊戲都抱着相似的態度：一羣人「沉迷」於遊戲，另一羣人憂心忡忡。遊戲對我們的社會是否有積極意義呢？這個討論過於激烈，在沒有深入的個人遊戲體驗和深度調研之前，我無意捲入爭論。

我不玩遊戲，但我認為，遊戲是我們要接納的社會現象。並且，在我們進入新數字世界之後，遊戲在我們社會中所佔比例可能還會進一步升高。

我只想向遊戲學習。我這裏想介紹兩個人的觀點，他們毫無疑問都是遊戲的支持者，從他們那兒我學到了很多關於遊戲，特別是遊戲化（將遊戲的方法用於工作與生活）的知識。科技文化學者史蒂文・約翰遜撰寫了一本書《壞事變好事》，書名如果直譯是「每個壞事對你都是好的」。他說的壞事是指，我們一代代人都不喜歡下一代的大眾文化：報紙、電視、遊戲、網絡。他的觀點是，從對大腦與認知研究的角度看，它們其實帶來了巨大的進步：

> 大眾文化正越來越成熟，一年比一年更需要人們投入更強的認知力。不妨把這種現象看成一種積極的「洗腦」：

雖然那些使我們沉迷的大眾娛樂經常被人鄙視為無用的垃圾，但它們卻正穩健地、幾乎是潛移默化地使沉迷者的頭腦更加敏銳。

約翰遜的主要論述正是圍繞遊戲展開的。他告訴我們，玩家在探索遊戲虛擬世界的規律與規則，在「邊玩邊學」：

在電子遊戲世界，幾乎不會有完整的規則呈現給玩家。……許多規則（終極目標的真相、達到終極目標可使用的技巧）只有通過不斷地探索才會漸漸顯露廬山真面目。玩家是邊玩邊學的。

……電腦所做的不只是提供明確定義的規則，還創造了一個世界，有生物、光、經濟、社會關係、天氣的世界。我稱之為虛擬世界的物理（規律）……當你在電腦的模擬運行中探測遊戲的微妙形態與傾向時，你就是在探索這個世界的物理現象。

更年輕的遊戲設計者簡・麥戈尼格爾則更巧妙地把遊戲與現實聯繫到了一起，她寫了一本書，名為《遊戲改變世界：遊戲化如何讓現實更美好》。在我看來，她的主要立場是：現實是破碎的（我們在現實中持續受挫），現實無法或很遲緩地給我們反饋，而遊戲給我們即時、明晰的反饋，讓我們更好，因此我們應當借鑒遊戲的機制設計現實遊戲（遊戲化），讓現實變得更美好。

我曾開玩笑說，從約翰遜到麥戈尼格爾，他們為想玩網絡遊戲的人做好了為自己辯解的理論準備：首先，遊戲改善認知；其次，我玩遊戲是為了學習，將來要將遊戲中的邏輯用到現實世界中。

沿用這個玩笑說法我們可以接着說：現在，我們將進入的是一個數字與現實交融的新數字世界，我們可以大大方方地玩遊戲了，更方便地遊走在兩個世界之間，用在虛擬遊戲世界中學到的東西幫助實體世界。

當然，我平常說這個玩笑只是為了吸引人們關注麥戈尼格爾的觀點。她作為資深的網絡遊戲設計者和現實遊戲設計者，設計了一個連通遊戲世界和現實世界的實用遊戲化框架。她設計的現實遊戲主要是平行實境遊戲（Alternate Reality Gaming, ARG），它是一種以現實世界為平台，融合各種網絡遊戲元素的互動遊戲，玩家可以親身參與，進行角色扮演。可以設想，我們不是玩屏幕裏的遊戲，而是穿着劇中服裝在店裏玩「劇本殺」。

麥戈尼格爾的遊戲化框架很完備。同時，它對於數字與實體相結合的元宇宙更是有着現實意義，它是幫助我們探索的登山杖。我特意將其整理成我喜歡用的「一頁紙」（見圖5-3），既便於使用，也便於在此基礎上迭代。她的框架包括三個部分：遊戲的四大決定性特徵是有目標、有規則、提供反饋系統、用戶自願參與；將遊戲思路用到現實中的遊戲化是給參與者帶來更滿意的工作、更有把握的成功、更強的社會聯繫、更宏大的意義；遊戲化的做法是設計遊戲化參與機制、遊戲化激勵機制、遊戲化團隊機制與遊戲化持續機制。

麥戈尼格爾的基礎邏輯是：現實破碎了，用遊戲來修補。「現實世界沒有辦法像虛擬空間一樣，輕輕鬆鬆就能讓人享受到精心設計的快樂、驚險刺激的挑戰以及強而有力的社交聯繫，沒有辦法同樣高效地激勵我們。」因此，現實中的人看遊戲玩家是沉迷，而遊戲玩家看現實是：「和遊戲相比，現實破碎了。」

「現實破碎了」(reality is broken)其實正是她的《遊戲改變世界：遊戲化如何讓現實更美好》一書的英文原名，「現實破碎了，用遊戲化的方式來修補它」。在麥戈尼格爾看來，遊戲為現實打了 14 個補丁，摘錄如下供你參考。[①] 數字與現實融合的元宇宙也可能用來提供類似的幫助。

1 號補丁：主動挑戰障礙。與遊戲相比，現實太容易了。遊戲激勵我們主動挑戰障礙，幫助我們更好地發揮個人強項。

2 號補丁：保持不懈的樂觀。與遊戲相比，現實令人沮喪。

---

① 資料來源：麥戈尼格爾．遊戲改變世界：遊戲化如何讓現實變得更美好[M]．閭佳，譯．杭州：浙江人民出版社，2012.

遊戲讓我們保持不懈的樂觀態度，把精力放在自己擅長且享受的事情上。

3 號補丁：更滿意的工作。較之遊戲，現實毫無生產力。遊戲給了我們更明確的任務、更滿意的實操工作。

4 號補丁：更有把握的成功。與遊戲相比，現實令人絕望。遊戲消除了我們對失敗的恐懼，提高了我們成功的機會。

5 號補丁：更強的社會聯繫。與遊戲相比，現實是疏離的。遊戲建立了更強的社會紐帶，創造了更活躍的社交網絡。我們在社交網絡用於互動的時間越多，就越有可能產生一種積極的「親社會情感」。

6 號補丁：更宏大的意義。與遊戲相比，現實微不足道。遊戲讓我們投身到更宏偉的事業當中，並為遊戲賦予了宏大的意義。

7 號補丁：全情投入。與遊戲相比，現實難以投入。遊戲激勵我們更積極主動、熱情洋溢、自我激勵地參與到自己正在做的事情當中。

8 號補丁：人生的升級。與遊戲相比，現實不得要領，而且費力不討好。遊戲幫助我們感受到更多的獎勵，讓我們全力以赴。

9 號補丁：和陌生人結盟。與遊戲相比，現實孤獨而隔離。遊戲幫助我們團結起來，從無到有創造更強大的社羣。

10 號補丁：幸福的黑客。與遊戲相比，現實令人難以忍受。遊戲讓我們更容易接受好的建議，並嘗試培養更幸福的習慣。

11 號補丁：可持續的參與式經濟。與遊戲相比，現實難以持續。然而從玩遊戲中得到的滿足感，是一種無限的可再生資源。

12 號補丁：人人時代的華麗制勝。與遊戲相比，現實毫

遊戲的四大決定性特徵

目標（goal），指玩家努力達成的具體成果。

規則（rule），為玩家如何實現目標作出限制。

反饋系統（feedback system），告訴玩家距離實現目標還有多遠。

自願參與（voluntary participation），所有人都了解並願意接受目標、規則與反饋。

遊戲化參與機制：全情投入當下

《家務戰爭》是生活管理類平行實境遊戲，是幫助你像遊戲般管理真實生活的軟件。
《學習的遠征》是組織類平行實境遊戲，用遊戲來創造新制度、發明新組織實踐。
《超好》利用社交媒體和網絡病毒式傳播新遊戲的設想、任務和規則。

遊戲化團隊機制：和陌生人結盟，創造更強大社羣

《陌生人的安慰》，每當身邊幾米內出現其他玩家，就會用耳機或聽筒提醒你。
《意外的幽靈》，玩家可以在社交網絡關注兩位博物館虛擬策展人，參與他們的奇遇。
《活力》是養老院的現實遊戲，玩家在遊戲中跟養老院老人通電話，相互幫助。

無雄心壯志。遊戲幫助我們確立令人敬畏的目標，一起達成看似不可能完成的社會使命。

13 號補丁：認知盈餘的紅利。與遊戲相比，現實混亂而分裂。遊戲幫助我們做出更加協調一致的努力，隨着時間的推移，它們還將賦予我們合作超能力。

14 號補丁：超級合作者。現實凝滯在眼前，而遊戲讓我們共同想像和創造未來。

「遊戲化」的四大目標

更滿意的工作。遊戲裏的工作提供了真正的獎勵和滿足感。

更有把握的成功。只要失敗有趣，我們就會繼續嘗試，並保持最終成功的希望。

更強的社會聯繫。玩家並不只是想在遊戲裏贏，他們還肩負着更大的使命。

更宏大的意義。意義是我們置身於比個人更宏大事業所產生的感覺。

遊戲化激勵機制：實時反饋

社交網絡中的「+1」或點讚：在真實的生活裡「升級」。
《雲中日》飛機機上遊戲，幫助乘客減少痛苦，更多地享受現實世界。
「耐克+」（nike+）跑步系統，讓跑者獲得實時反饋，讓人跑得更快更遠。

遊戲化持續機制：讓幸福成為一種習慣

《刺客》，玩家在現實校園裏跟蹤目標，用水槍或其他玩具武器將之「消滅」。
《墓碑得州撲克》，在墓地進行「幸福黑客行動」，以不一樣的方式來緬懷逝者。
《絕密舞蹈》是現實中的大型多人在線角色扮演遊戲，任務是跳舞。

元宇宙第四塊基石

所有權系統

06

以太坊：數字世界的所有權管理系統

丹尼爾・德雷舍

英國銀行家、《區塊鏈：基礎知識 25 講》作者

區塊鏈這個點對點系統的設計初衷是管理數字資產的所有權。

賽費迪安・阿莫斯

經濟學家、《貨幣未來：從金本位到區塊鏈》作者

比特幣利用數字時代的新技術解決了人類社會亙古存在的老問題：如何讓經濟價值跨越時間和空間流動。

2009 年 1 月 3 日，在位於芬蘭赫爾辛基的一台服務器上，中本聰生成了比特幣區塊鏈網絡的第一個數據區塊——創世區塊。人們通常把比特幣區塊鏈看成一個賬本，創世區塊即這個賬本的第一頁。

這個區塊鏈網絡支撐的數字事物是比特幣，但同樣重要的是名為區塊鏈的賬本系統。在實體世界中，賬本是我們用以管理所有權的系統。

2008 年 10 月 31 日，化名為中本聰的匿名極客在密碼學家與數字貨幣的圈子密碼朋克郵件組發送了一封郵件，並附上了自己的論文，即現在人們說的「比特幣白皮書」——〈比特幣：一種點對點的電子現金系統〉。現在，在全球範圍內，比特幣被視為一種數字世界的價值儲藏物，在《貨幣未來：從金本位到區塊鏈》一書中，作者賽費迪安・阿莫斯將其視為與黃金相似的、可作為貨幣本位的數字事物。

2013 年，《比特幣雜誌》聯合創始人，同時也是軟件工程師的維塔利克・布特林想將比特幣系統背後的區塊鏈通用化，也就是給它加上更通用編程的功能。出生於 1994 年、過於年輕的他沒有得到比特幣社區的支持。這一年年底，他發表了一篇論文，即現在人們說的「以太坊白皮書」——〈以太坊：下一代智能合約和去中心化應用平台〉。

他建議，按比特幣區塊鏈的思路進行擴展開發，形成以太坊區塊鏈。它的特點是擁有可以運行所有計算的所謂「圖靈完備」的計算環境，能運行所謂的智能合約（smart contract）程式，從而支持金融的、半金融的、非金融的各類應用。他的設想吸引了技術專家加文・伍德、金融人士約瑟夫・魯賓等人。最終在 2015 年 7 月 30 日，以太坊區塊鏈的第一個區塊生成，並開始正式運行。

同時發展的還有另一條路線。包括 IBM 在內的大型科技公司也看到了比特幣背後的區塊鏈的技術特點與可能用途，2015 年年底，它們向 Linux 基金會捐贈相關技術，以開源操作系統的組織方式推出名為超級賬本（Hyperledger）的開源軟件，其中主要產品為 Hyperledger Fabric。這條路線通常被稱為聯盟鏈，即只有經過聯盟許可的計算機節點才能加入網絡。它與任何計算機節點都可以加入的比特幣區塊鏈、以太坊區塊鏈等公鏈是不同的設計。

它們背後在一個基準點上是一致的，即在數字世界中，用區塊鏈的獨特數據結構和分佈式網絡形式來形成多方認同的賬本記錄，用區塊鏈賬本作為所有權管理系統。接下來，我們重點用以太坊區塊鏈網絡作為案例來探討：當我們進入實體世界與數字世界融合的元宇宙時，以太坊的發展過程能帶給我們甚麼可借鑒的經驗？

從世界賬本，到世界計算機，再到全球結算層

很多人在說起比特幣區塊鏈時，經常說它是一個世界賬本。更準確地說，它是一個記載與管理數字世界的一種事物（比特幣）的所有權的賬本，它是比特幣的所有權管理系統。一個所有權管理系統通常包括兩個要素，比特幣賬本以獨特的方式在數字世界中實現了：① 記載在某一刻誰擁有多少財產；② 提供機制讓一個人可以將自己的財產可靠與便捷地轉給他人。

以太坊區塊鏈同樣實現了賬本的基礎功能。實際上，以太坊是按開源軟件領域的做法實行的，不重複「造輪子」，它直接借鑒了比特幣系統的大部分做法：賬本的數據結構、分佈式網絡、節點達成共識的機制、非對稱加密和其他計算機密碼學的應用等。以太坊區塊鏈網絡和比特幣區塊鏈網絡的結構是相似的：由眾多計算機節點組成一個所謂的去中心網絡，用共識機制維護一個整體賬本，在其網絡生態內部有一個通用的價值交換媒介。比特幣的賬本與以太坊上的賬本都可以看成一種「世界賬本」。

以太坊的創新是，在賬本基礎上，增加了一個可以更好地執行各種程式的「世界計算機」。撰寫技術規格說明書（也就是「以太坊黃皮書」）、曾擔任以太坊 CTO（首席技術官）的加文・

伍德創造了這個曾經很引人注目的詞來說明：以太坊區塊鏈是計算平台。

2019年，在以太坊區塊鏈的官網首頁上，它用這麼一句話介紹自己：「以太坊，是為去中心化應用程式而生的全球開源平台。在以太坊上，你可以編寫程式代碼管理數字價值（digital value），程式代碼按照預設的規則運行。你在世界上的任何地方都可以接入。」這些運行在以太坊上的程式代碼就是「智能合約」。數字價值，就是我們上文說的數字所有權，在不同場景下人們會以加密數字貨幣、通證、加密資產、數字資產、數字權益等來指代它。在互聯網和區塊鏈業界，人們一般將數字所有權稱為數字價值，有時甚至直接稱價值，並因此將基於區塊鏈技術發展出來的新一代互聯網稱為價值互聯網。

到這裏我們看到，以太坊區塊鏈是對比特幣區塊鏈的升級迭代，它不只是記載與管理所有權的區塊鏈賬本，還提供了對所有權進行編程和運行的計算機環境。有了這兩個基本條件，人們就可以在以太坊區塊鏈網絡上開發各種應用。

後來，為了更好地描述以太坊的定位，並向金融界介紹以太坊區塊鏈在眾多區塊鏈中的獨特定位，約瑟夫・魯賓又創造了另外一個流傳很廣的詞——「全球結算層」。這個新定位詞指的是，以太坊區塊鏈網絡不只是運行智能合約的世界計算機，它提供給世界的功能是，各種各樣的資產可以在其上進行清結算。在區塊鏈應用大爆發的2020年與2021年，我們看到，在全球範圍內，各種各樣的廣義金融資產開始在以太坊區塊鏈上進行結算，並衍生出名為去中心化金融（DeFi）的業務形態，非金融資產（比如作為數字收藏品的加密朋克、作為遊戲道具的 Axie 寵物）也在其上進行結算。

這條路上不只有以太坊，還有很多競爭者。現在有上百種結構相似又各有創新的區塊鏈網絡，包括公鏈、聯盟鏈、區塊鏈即服務（BaaS）等，但除了個別的例外，它們主要都是沿着以太坊開創的路線在發展，都是所謂的運行智能合約的平台（smart contract platform）。另外，加文・伍德還設想了另一種不一樣的未來，以太坊的世界是一條鏈，而他認為未來應該是多條鏈，目前缺的是將多條鏈連起來的技術。他發起成立 Web3 基金會，並推出了名為波卡的區塊鏈跨鏈系統，也形成了一個繁榮的技術生態。

如果將區塊鏈的世界看成星空的話，以太坊就是其中最重要的星星之一。進一步打比方，以易懂但相對不精確的方式說，如果區塊鏈的世界是太陽系，比特幣網絡是太陽，那麼以太坊網絡的地位就相當於地球。以太坊區塊鏈網絡對於名為「元宇宙」的未來數字世界有兩重意義：

一方面，它可能是未來多個數字世界的關鍵基礎設施之一，甚至可能是為未來所有主要的數字世界提供所有權管理系統與價值交易的技術平台。

另一方面，它自身又處於區塊鏈與數字資產的多個數字世界的中心地帶，它的發展路徑、探索嘗試會為建立未來數字世界提供至為重要的經驗。接下來，我們重點來看這一方面。

以太坊：找尋自己的路

以太坊是一個區塊鏈，更準確地說，是用區塊鏈技術構建而成的網絡與生態。它的發展歷程對於構建一個數字世界最有啟發的可能是：如何找到自己的用處。

當我們看一個個互聯網平台時，我們會發現它們雖然也會經歷很多演進，但通常在早期就確定了自己的路。比如微信是一個即時通信平台，可以一對一聊天，可以羣聊天，然後它逐漸地附加上了一系列衍生功能 —— 微信朋友圈、微信支付、微信訂閱號、微信小程序、微信視頻號，變成龐大的生態。但對我們每個人來說，微信的主要功能始終是智能手機上的即時通信工具。

以太坊的可能功能是逐漸地「生長」出來的，到目前也遠未定型。它沒有停止快速的進化。在 2019 年某個時刻，很多人認為，以太坊也許就這樣了，接下來就是修修補補。但 2020 年，它上面一個原本小小的部分突然爆發，成長為現在已很龐大的去中心化金融生態（下一章我們會專門討論）。現在，以太坊展示着更多可能，比如我們現在又開始設想，它可能是未來幾乎所有主要的數字世界的關鍵技術基礎設施。

如前所述，最初以太坊區塊鏈是比特幣區塊鏈的升級，正如維塔利克在「以太坊白皮書」中所說，它的目標是在比特幣區塊鏈上加上可以運行智能合約程式的計算環境，並運行各種去中心化的應用。

在這個階段，以太坊重點關注的還不是可以運行甚麼應用，而是把技術平台搭建起來。它至少要先完成兩部分工作，從而實現從比特幣區塊鏈到以太坊區塊鏈的演進，如圖 6-1 所示。

第一部分工作是重複比特幣區塊鏈網絡所完成的。比特幣區塊鏈網絡的實現方法是：用「區塊＋鏈」的獨特數據結構維護一個不易篡改的賬本，用名為工作量證明（proof of work, PoW）的算力競爭機制來規範一個沒有中心、無須許可即可加入的網絡。去中心化網絡中的計算機節點共同決定賬本記錄的條目，確保賬本的可靠性。在這個方面，以太坊沒有創新，它基本上複製了比特幣的做法。直到近年來它試圖升級到所謂以太坊 2.0（ETH 2.0），新的技術創新與機制創新才開始被考慮引入。

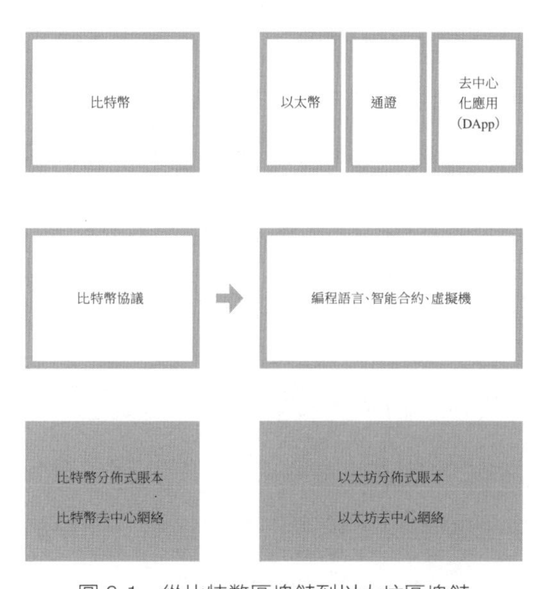

圖 6-1　從比特幣區塊鏈到以太坊區塊鏈

資料來源：方軍．區塊鏈超入門[M]．2 版．北京：機械工業出版社，2021。

比特幣區塊鏈網絡可以完成的功能很簡單，正如「比特幣白皮書」所說，它的功能是支持一種「點對點的電子現金」。它的確做到了：通過公鑰與私鑰非對稱加密來讓用戶掌控這種電子現金的所有權，用私鑰簽名的轉賬來進行電子現金所有權從一個人到另一個人的轉移。比特幣區塊鏈系統還特別做到的一點是，它通過工作量證明將新增的比特幣發行給做出貢獻的計算節點，從而讓進入其網絡生態中的每一枚新比特幣的初始發行都是完全去中心化的。

在這個部分，以太坊區塊鏈幾乎是複製了比特幣區塊鏈的技術與做法：相似的數據結構、相似的工作量證明機制，實現了一個相似的數字所有權管理系統 —— 管理名為以太（Ether，常簡寫為代號 ETH，中文常被直接稱為以太坊或以太幣）的內部代幣。以太幣的功能主要是這個系統的內部燃料，用以支付計算的花費（通常稱為燃料費，gas fee）。類似地，比特幣的一種用途也是用於在內部支付使用區塊鏈系統的轉賬費，但當時比特幣已經演變成一種在整個區塊鏈世界通行的數字資產。

略有不同的是，雖然在以太坊區塊鏈運行起來後，新增的以太幣也是像比特幣那樣增發給成功贏得算力競爭的計算節點，但它預先發行了約 7 000 萬枚。其中有 6 000 萬枚以眾籌的方式「預售」給了投資者。當時，主要是來自比特幣社區的眾籌參與者用比特幣換取以太幣，以支持這個新網絡的研發。另外還有約 1 000 萬枚分配給了技術團隊和早期支持者，以獎勵他們的貢獻。

以太坊的第二部分工作是獨創的。在這部分的技術實現之後，每個人都可以在以太坊上運行自己編寫的代碼，管理數字價值。

當然，多數技術獨創都是組合創新，你可以看成，以太坊是給計算機硬件加上了通用的操作系統。計算機操作系統的歷史就是這麼發展的：最早的大型與中型計算機（如IBM、DEC）都只有專用且功能單一的操作系統；美國電話電報公司和加州大學伯克利分校的研究者接力開發了UNIX操作系統；林納斯開發了Linux這種主要用於服務器的操作系統，同時期以微軟為代表的商業軟件公司開發了個人電腦DOS操作系統及Windows操作系統；進入移動互聯網時代，又出現了蘋果的iOS與谷歌的Android兩大手機操作系統。在區塊鏈技術領域，以太坊當時所處的階段相當於UNIX剛剛出現時的階段，它為區塊鏈加上了通用的操作系統。

區塊鏈賬本是所有權管理系統，它的工作機制很像現實生活中的一家銀行的賬本：某一個時刻的賬本狀態，顯示這家銀行各個儲戶有多少存款，而當一個儲戶將資金轉給另一個人時，這家銀行的賬本就變化到了下一個狀態，顯示現在各個儲戶有多少存款。在比特幣區塊鏈中，也可以通過編程實現這樣的狀態變化，但功能有限。以太坊想做的是，它希望在其上運行的編程代碼可以運行所有的計算，讓編程更具有靈活性。

以太坊增加的是所謂的以太坊虛擬機（Ethereum virtual machine, EVM）的代碼運行環境。它是操作系統的最底層部分，能夠運行一系列代碼指令。在這些機器代碼之上，以太坊社區設計了多種高級編程語言，其中現在最常用的是 Solidity 編程語言。現在，以太坊虛擬機是整個區塊鏈行業的事實標準，多種公鏈與聯盟鏈均與它兼容，Solidity 編程語言也得到了較為普遍的支持。

有了這些基礎，開發應用的程式員可以通過編程實現智能合約程式，讓其在以太坊區塊鏈上運行。智能合約程式能實現的基礎功能是，用程式代碼按既定規則操控區塊鏈賬本記錄的數字價值。比如，智能合約可根據條件判斷，如果你在資格列表中，提出申請後，你就可以獲得一個數字寵物。

標準化：編程接口與通證標準

僅有所有權賬本與操作系統兩個基礎功能是不夠的。這時，以太坊區塊鏈只能記載與管理以太幣這一種數字資產，很顯然它還不是一個很好的所有權管理系統。它是一個全功能的計算機，可以進行任何計算，但只能處理一種資產未免顯得功能單一。我們可用一家在美國的銀行做類比，這家銀行希望自己的賬本除了能夠管理美元以外，還能夠管理歐元、日圓，可能還希望記載與管理多家公司的股票，希望能夠幫客戶記載與管理藝術收藏品這類有價值的財物。

2015 年 6 月，維塔利克提出了一個對以太坊系統進行改進的設想，他建議，為了表示數字價值，應該創建一種標準化的智能合約編程接口。11 月 19 日，他和以太坊的主要開發者費邊・沃格爾斯特勒一起向社區提出了所謂的 ERC20 標準提案。

他們的提案是，對於類似貨幣或股票等同質的、可互換的數字資產，應採用統一的編程接口。有了標準接口之後，其他程式在調用創建這類資產的智能合約程式時，就可以調用標準接口，而不用管這些程式內部的實現細節。這是軟件行業的常規做法，用標準接口對程式內部的複雜性進行封裝，將程式模塊相互之間解耦。

具體地說，他們提案中用以表示數字資產和其功能的編程接口是一系列函數與事件。比如，調用 name 函數可以得到這個資產的名稱，調用 transfer 函數可以把資產從一個人轉給另一個人。當程式內部發生變動時，它會發出事件讓其他的程式可以知曉變化的發生。在這些編程接口背後，程式內部用一種獨特的數據表格（名為 mapping，數據映射）記錄誰擁有多少數字資產，即記載當前的所有權狀態。所有權人調用標準接口函數可以實現自己持有的數字資產的所有權變更，比如轉給他人、授權他人動用一定額度等。

現在，一個智能合約就可以構成一個所有權管理系統。之前，一條鏈是一種數字資產的所有權管理系統；現在，一個標準接口的智能合約就是一種數字資產的所有權管理系統。以太坊這一條區塊鏈上可以運行成千上萬種數字資產的所有權管理系統。

現在在區塊鏈行業中，ERC20 標準是各個區塊鏈網絡與眾多應用遵循的事實行業標準，它表示的數字資產就是所謂的同質通證或可互換通證（fungible token）。它可以用來表示公司的股票，例如，你持有的一家上市公司的 1 萬股普通股股票和我持有的 1 萬股普通股股票是可互換的。

如果你不是程式員，你大可不必關注這些技術細節，但你至少要知道，有了這樣的標準編程接口，一個遵循標準編寫的智能合約就可以表示一種可互換的數字資產，而遵循標準的數字資產即通證，可以被各種應用方便地調用、編程、管理。

這帶來了巨大的變化。為了強調，我們再嘗試換一種方式重複一遍：之前，我們需要用整個區塊鏈系統（賬本、節點、網絡）來構建一個所有權管理系統。現在，在以太坊區塊鏈上編寫一個遵循標準的智能合約，就可以構成一個所有權管理系統，用通證表示數字資產。同樣重要的是，通證可以較為方便地進一步編寫智能合約進行編程處理、用網頁或 App 進行編程處理。雖然比特幣是可編程的數字資產，但現在編程處理通證的難度大幅降低。

自此，「通證」的概念進入了區塊鏈領域。人們開始用通證來指代區塊鏈領域裏的各種數字資產，通證就是財產的憑證。在區塊鏈上，可用通證表示各種數字資產。人們開始設想：用通證都可以表示甚麼？在 2019 年的出版《精通以太坊：開發智能合約和去中心化應用》一書中，安德烈亞斯・安東波羅斯和加文・伍德等給出了頗為詳細的列表。他們首先指出，「通證常被用來表示數字化的私有貨幣，然而這只是其中的一種情況。通過編程，通證可以提供多種功能。數字貨幣只是通證的第一個應用場景」。

他們列舉了各種可能的場景：貨幣、資源（一個共享經濟體或資源分享社區所產出或獲取的資源）、資產（鏈上或鏈下、有形或無形的資產，如黃金、房地產、汽車、石油、能源等）、訪問權限（代表一種針對物理資產或數字資產的訪問權限，如登錄一個聊天室、訪問專用的網站、入住一家酒店等）、權益（代表一個數字化組織如去中心化自治組織（DAO）的股東權益，也可以代表傳統公司的股東權益）、投票權（代表數字系統或傳統組織中的投票權）、收藏品（代表數字化的收藏品如加密貓，或者真實的收藏品如油畫）、身份（代表一個數字化的身份，或者一個法律意義上的身份）、證言（代表針對某個事實的認證或證言）、實用型通證（用於使用或支付某種服務）。

世界上的大部分事物都是不可互換的

從上面羅列的各種可能的場景我們馬上可以看到，其中想用通證表示的大部分資產或權益並不是可以互換的。其實，在實體世界中，可互換的事物是少數的，絕大多數事物是不可互換的。房子、汽車、機票都是不可互換的。看似可互換的事物略加處理也會變成不可互換，比如一本專門題名送給我的簽名書和你的同一本簽名書是不同的。

讓我們回到以太坊發展的時間線去看，當時人們是怎麼發現這個問題並給出技術方案的。

在過去幾年，以太坊區塊鏈網絡中的人們或許也思考過這個問題，但並沒有嘗試讓以太坊區塊鏈上也能表示這些不可互換的資產。直到有人想創造一個名為加密朋克的頭像，新的變化出現了。

約翰・沃特金森和馬特・哈爾早在 2005 年就一起建立了 Larva 實驗室，這是一家手機遊戲公司。2017 年，他們開發了一個像素頭像生成器，可以按照參數生成各種各樣的頭像。他們冒出一個想法：如果用以太坊區塊鏈來記載與管理這些頭像的所有權會如何？

因此，他們創建了一種名為加密朋克的頭像，一共有 1 萬個，分別有着不同的屬性，如可能是男性、女性與外星人。當時，只要喜歡這個頭像的人都可以申領一個，申領之後，這個頭像就由你的以太坊地址與私鑰來掌控。用現在的術語說，這個頭像變成了你的數字資產。當然，當時這個頭像並不值錢，它只是一個好玩的實驗。程式員們總愛做各種各樣的玩意兒，給自己和朋友們玩。

加密朋克的實驗啟發了另一組程式員，他們屬於一家名叫 Dapper 實驗室的遊戲公司。除了創造各不相同的頭像、形成數字資產，為甚麼不讓這些頭像做點甚麼呢？於是他們開發了一種可愛的電子貓咪，名叫謎戀貓（Cryptokitties）。它們是一些貓咪的繪製圖片，但每個貓咪都是獨特的。這些貓咪的所有權也是用以太坊區塊鏈來進行管理的。

接着，他們又開發了一種簡單到有點無聊的遊戲：你可以讓兩種貓咪配對，繁殖下一代。這在 2017 年年底引發狂潮。當時人們瘋狂地參與這個貓咪繁殖遊戲，導致整個以太坊區塊鏈網絡陷入擁堵。它也引發投機狂潮，最貴的貓咪價格高達幾十萬美元，但很快價格回落，泡沫消失了。

在探索的過程中人們發現，也許這些不可互換的事物也需要一個通用的編程接口。2018 年 1 月，有人提出提案，建議類似於 ERC20 建立一種適用於不可互換的數字資產的通證標準，這就是 ERC721 標準。現在，在區塊鏈行業，ERC721 也是不可互換資產的事實標準。在區塊鏈業界，不可互換通證（non-fungible token）的縮寫詞是 NFT，NFT 後來甚至成為一個通用詞，傳播到藝術收藏領域和大眾之中。

有了兩種通證標準之後（見圖 6-2），以太坊區塊鏈網絡上就開始湧現各種各樣圍繞通證的嘗試。

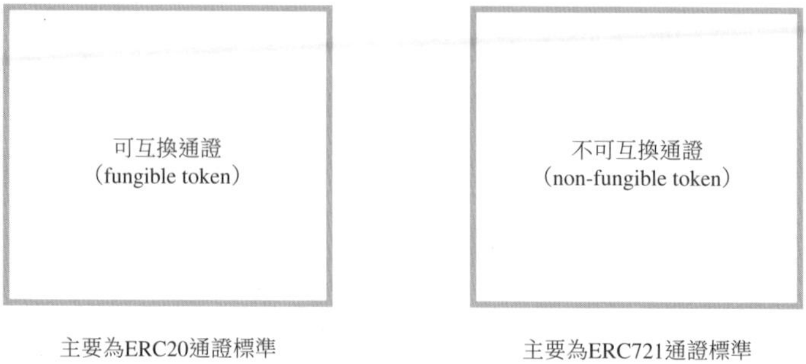

可互換通證
（fungible token）

主要為ERC20通證標準

不可互換通證
（non-fungible token）

主要為ERC721通證標準

圖 6-2　區塊鏈上的兩種數字資產標準：可互換與不可互換

在有了 ERC20 標準之後，大量遵循這個標準的通證被創建出來，通常每個通證表示一個技術項目的權益。在 2016 ～ 2017 年也出現了一些針對這些通證的嘗試性編程應用，其中最熱門的就是所謂的代幣眾籌：一個技術項目發行代表自身網絡權益的通證，其他人可以用以太幣等數字資產參與眾籌，也有投資機構投資資金換取通證而非公司股權。但在 2017 年，正如歷史上的金融泡沫一樣，這種當時被重新命名為 ICO[1]（首次代幣發行）的做法中出現越來越多的騙局與鬧劇。有些項目僅憑幾張紙就獲得巨額的資金，但實際上項目的想法並不靠譜，並且有些人拿到資金後也沒有按承諾去研發技術產品，而是揮霍浪費。

---

① 2017 年 9 月 4 日，中國人民銀行等七部委發佈公告叫停 ICO，本書這裏提及僅為對以太坊區塊鏈的技術進行探討。公告指出，「近期，國內通過發行代幣形式包括 ICO 進行融資的活動大量湧現，投機炒作盛行，涉嫌從事非法金融活動，嚴重擾亂了經濟金融秩序」。公告認為，「代幣發行融資是指融資主體通過代幣的違規發售、流通，向投資者籌集比特幣、以太幣等所謂『虛擬貨幣』，本質上是一種未經批准非法公開融資的行為，涉嫌非法發售代幣票券、非法發行證券以及非法集資、金融詐騙、傳銷等違法犯罪活動」。公告要求，「本公告發佈之日起，各類代幣發行融資活動應當立即停止。已完成代幣發行融資的組織和個人應當做出清退等安排，合理保護投資者權益，妥善處置風險」。

當然，也有一些優秀的區塊鏈技術項目幾年後成功地推出，前面討論過的 Decentraland 就是典型案例之一，通證促成其網絡及生態的形成、發展、繁榮。2021 年 4 月 21 日，美國證券交易委員會（SEC）在官網發佈《通證避風港提案 2.0》[①]，提議允許符合條件的初創項目發行通證。這個提案建議豁免了初創企業發行證券的相關要求，給予三年豁免期，理由是：「一個網絡要成長為無須個人或組織進行基本管理或創業努力的功能性或去中心化網絡，通證必須先行分發給潛在的用戶、程式員和參與者，並允許自由交易。若遵照聯邦證券法之規定對通證的初次發行和二級交易嚴格實施約束，勢必阻礙網絡的成長，也將阻止作為證券售出的通證在網絡中作為非證券運行。」它又強調：「通證的發行和出售，必須是以促進網絡的訪問、參與或發展為目的。」

ERC721 標準可應用的虛擬土地、數字收藏品、數字藝術品等領域也有很多創新，但要更晚一些才爆發。2021 年年初，佳士得進行藝術家 Beeple（原名邁克・溫克爾曼）的數字藝術品拍賣，名為《日常：最初的 5 000 天》的一項 NFT 藝術品拍賣出了 6 934 萬美元的驚人價格。接下來的幾個月，人們看到加密朋克等頭像的價格暴漲。8 月 24 日，中國風險投資家馮波以時價超過 500 萬美元購得一個編號 7252 的稀有加密朋克頭像（見圖

① 2021 年 4 月 21 日，美國證券交易委員會委員海絲特・M. 皮爾斯在其官網發佈《通證避風港提案 2.0》。https://www.sec.gov/news/public-statement/peirce-statement-token-safe-harbor-proposal-2.0。

6-3 左側頭像）。圖 6-3 中右側頭像為 NBA 籃球運動員庫裏用作頭像的 NFT，為編號 7990 無聊猿猴遊艇俱樂部（bored ape yacht club, BAYC，也稱無聊猿猴）。在全球範圍內，交易平台的交易量也在激增，NFT 交易平台 OpenSea 的交易額在 8 月 29 日一天達到驚人的 3.2 億美元。

圖 6-3　NFT 頭像示例：加密朋克（CryptoPunk）編號 7252（左）與無聊猿猴（BAYC）編號 7990（右）

在 2021 年，用 ERC721 及另外的如 ERC1155 等通證標準（所謂 NFT）來表示各種數字資產的可能性開始被廣泛關注。如果我們想要把各種資產數字化，實現萬物上鏈，NFT 是我們所需的價值表示工具。現在，在元宇宙大背景下，人們也開始探討，元宇宙中的各種不可互換的數字資產都可以用 NFT 來表示。

知識塊

數字所有權：永續性與資本品思維

區塊鏈仍是很新的事物且其中的現象經常充滿爭議，因此，人們並未有一致的認識：在數字世界中，擁有所有權意味着甚麼。

我們不知道，擁有一個加密朋克或無聊猿猴的頭像意味着甚麼，擁有一塊 Decentraland 裏的數字土地意味着甚麼，擁有《阿蟹遊戲》裏的一隻寵物意味着甚麼，擁有一枚比特幣意味着甚麼，擁有一個項目的治理通證意味着甚麼。

我不知道，我在努力，想知道答案。我的設計師朋友大智七、八年前製作了一系列星際礦工（Zero Inbot）機器人形象，我總自豪地宣稱，名為「寶藏搜尋者」的那一個屬於我，它曾登上我的一本書的封面，如圖 6-4 所示。因此我會偶爾自問：昂貴的 NFT 頭像（profile picture, PFP）和這有甚麼本質區別嗎？我最近終於開始有點明白，或許，NFT 的忠實持有者要的是在數字世界中真正屬於自己的感覺，由機制保障的屬於自己的感覺。

圖 6-4　設計師大智創作的部分星際礦工（Zero Inbot）機器人形象

註：左為「寶藏搜尋者」，中為「大智」自己，右為「執行長」（他的必殺技是「執行長的凝視」）。

現在在數字世界中，你能擁有的或許是類似於小時候收集的火柴盒或現在小孩子喜歡的奥特曼卡，但這是數字世界中所有權的謙卑開端。

所有權或產權，意味着永續性。自古，人們都明白這背後的邏輯：無恆產而有恆心者，惟士為能。若民，則無恆產，因無恆心。林納斯這樣的偉大創造者能將產權貢獻給所有人，但不妨礙 Linux 的創造。但是，數字世界中你我這樣的普通人需要所有權，我們需要所有權的永續性。

數字所有權，也意味着「資本品思維」有了可能。資本品（capital goods）的心智，是我在《貨幣未來：從金本位到區塊鏈》中學到的，資本品指未來能創造價值的物品。現在的互聯網世界，所有的數字物品都是消費品，現在的互聯網只推動人們消費數字商品，如資訊、視頻、遊戲，而不能推動人們創造資本品，根本的原因是沒有所有權。現在，在數字世界中有了所有權，你可以真的擁有一個數字物品，資本品思維有了實現的技術基礎。

發展出應用：以太坊上跑起金融業務

有了 ERC20 與 ERC721 標準之後，我們可以把幾乎所有類型的資產都在數字世界中表示出來。之後，有了實現各種各樣應用的可能性。問題是，這些應用會是甚麼呢？

如果以太坊僅僅可以用來表示數字資產，它有用但又沒那麼有用。實際上，雖然約瑟夫・魯賓提出了「全球結算層」的說法，能夠很有說服力地解釋，在以太坊用來表示資產後，以太坊可以成為資產結算的技術基礎設施，但他的說法引發的共鳴其實並不多。這是因為，這個功能過於單薄。當時的情況類似於我們的智能手機僅僅可以用來轉賬一樣：很好啊，然後呢？

在相當長的時間裏，這個問題似乎並沒有引起太多關注。以太坊核心社區包括創始人維塔利克的關注點在讓以太坊的計算性能變得更強，他們推出了雄心勃勃的以太坊 2.0 路線圖，對以太坊的技術架構進行大改造，其中重大的變化是以太坊的共識算法從工作量證明轉為權益證明（proof of stake, PoS）。同時，考慮到當時以太坊區塊鏈已經越來越需要新方法來提升性能，維塔利克又在 2020 年年初連續撰寫了幾篇關於 Rollup（也就是將一系列交易組合成一組更小的數據，然後存到鏈上）技術的文章，他提出兩種主要的方向——Optimistic Rollup 與 ZK Rollup 是以太坊擴容的可行解決方案，這是所謂的二層擴容方案的一部分。

但創新在生態中悄悄孕育。這一次，重大創新不是由以太坊核心社區做出的，而是由以太坊生態裏開發應用的人共同創造的，即由更大的應用開發者社區共同創造的。這一次出現的是一系列被統稱為去中心化金融的應用，以太坊上開始跑起一系列廣義金融業務的實驗。我們看到了價值互聯網的雛形，一系列和數字價值有關的、普通用戶也可以在網頁瀏覽器使用的應用出現了。當然不可否認的是，現在使用的門檻還比較高，用戶至少需要掌握區塊鏈鏈上錢包的操作。

你可能很想了解，在時機成熟的時候，這一系列創新嘗試是如何在以太坊生態裏自然地生長出來的。在下一章，我們將以案例形式討論去中心化金融。

讓我們先跳躍到未來，展望實體世界與數字世界融合後的情景。在未來的元宇宙中，實體世界中的資產如現金、房產、股票、品牌、知識產權，都在逐漸地以計算機中的數據記錄來表示；數字世界中新出現的資產形式也需要被表示；你的社交網絡數據、照片、視頻、遊戲道具、數字孿生工廠的數據、算法計算的結果，也需要以數字的方式表示為資產。

擁有了資產，你才能保護它不被別人盜用，或者用它與別人做經濟交換，所有權的表示是進一步經濟活動的基礎。區塊鏈技術發展十多年，給我們展示的技術可能性是：

- 基於分佈式網絡的區塊鏈賬本是更適應未來的賬本。

- 通證是能融合實體與數字的更好的資產表示方式。
- 我們可以把規則編寫成智能合約程式，即對資產進行編程。

如圖 6-5 所示，區塊鏈是適應數字化時代需求的所有權管理系統。在以太坊區塊鏈網絡逐漸發展成熟並激發大量的競爭者後，我們在賬本之外有了相對完整的技術模塊，形成了更可用的技術基礎設施。

圖 6-5　區塊鏈是適應數字化時代需求的所有權管理系統

以太坊區塊鏈網絡就是元宇宙的典範

以太坊區塊鏈網絡，可能是迄今為止最好的元宇宙範例之一。它沒有三維立體的空間，但它在多個方面跟我們展望的元宇宙——實體與數字融合的未來，是高度一致的。我們已經詳細討論了以太坊區塊鏈的發展歷程，這裏，我們重點從一個元宇宙的視角觀察它。

現在，狹義的以太坊區塊鏈網絡規模已經非常龐大，2021年11月，它的市值在5 000億～7 000億美元波動，相當於亞馬遜雲（AWS）在亞馬遜公司整體業務中的估值。

第一，元宇宙是實體與數字結合的世界，其一部分在實體，一部分在數字。

從計算機網絡的角度看，以太坊區塊鏈網絡的實體部分是眾多節點運行的計算節點，數字部分則是它提供的基於區塊鏈技術的價值計算平台。它的眾多節點並不是由一家龐大的公司來運行的，而是眾多機構與個人獨立地參與，根據個體的利益自由決定加入或退出網絡。

節點運營方、團隊、應用開發者均是獨立的個體，在一個網絡中連成大的整體。處於實體部分的是眾多計算節點背後的運營方，處於數字部分的是核心開發團隊與眾多應用開發者。

對比而言，Linux 開源社區就不是典型的元宇宙，因為它的產出只是一個操作系統軟件，各方是用它作為操作系統接入網絡或構建網絡。以太坊是「系統 + 網絡」的組合，這讓它實體與數字結合的程度遠大於僅有「系統」的 Linux。

第二，元宇宙是以社會和經濟的方式將一羣人組織在一起創造偉大的產品，更重要的是，它要能持續生長。

我們可以找到一些過去的模型，但以太坊以獨特的方式把各方組合到了一起：團隊不是像微軟那樣的軟件公司，而是像 Linux 那樣的開源軟件組織，節點運營方像加盟商，應用開發者像參與 iOS 或 Android 平台應用開發的開發者。

以太坊用以將各方組織在一起的，是區塊鏈領域獨特的創新——一個區塊鏈網絡的內部代幣，對以太坊來說是以太幣。節點運營方運行計算節點，獲得以太幣形式的獎勵和用戶支付的費用（也是以太幣的形式）。當用戶使用以太坊自身的轉賬功能或其他開發者提供的智能合約應用時，用戶以按量計費的形式支付燃料費用。在其生態內部的流通範圍內，以太幣一部分像平台的股權，一部分像價值交換媒介（即流通貨幣的三大功能之一）。

以太坊用以將各方組織在一起的，還有它像城市一樣的希望。應用開發者在以太坊網絡中開發一個產品，就像在城市中開設工廠或店舖，城市中的居民會成為他的工人或客戶，此外，他又為城市吸引來新的人。以太坊是個生機勃勃、多樣性的城市，在有了最初的推動之後，它快速地生長着。

以太坊用以將各方組織在一起的，還有一些獨特的精神力量，如源自開源社區的精神力量（開源、協作）、源自加密社區的精神力量（對數學的信任），以及區塊鏈領域逐漸形成的自己獨特的精神力量（去中心網絡）。以太坊社區所信奉的精神力量並不是區塊鏈業界中最極致、最前沿的，但它似乎能恰到好處地融合多種力量，形成自己的氣質。

第三，元宇宙是實體與數字的融合，為參與其中的用戶創造了一個儘量無限延展的經濟活動與社會活動空間。

只有構建物，沒有人的活動，不是好的空間。如果從整體上看互聯網，它是這樣一個空間：機器、構建物、人組成混合網絡，多樣化的人在其中開展活動。互聯網的發展可能性從來沒有上限，它有高低起伏，但在長時段總能有新的創新產品湧現。

將以太坊看成單個的網絡，與已經存在的互聯網單一網絡（電子郵件網絡、亞馬遜電商網絡、亞馬遜雲服務、微信社交網絡）相比，它已經處於與這些優秀網絡齊頭並進的位置。

以太坊是價值流動網絡這一新類型的代表。以太坊網絡和其上活躍的開發者共同為普通用戶的和與價值相關的活動提供了可能。當然，我們必須承認它現在仍有很大的缺陷——速度慢和成本高。不過目前看，適合它的高價值活動能很好地在其上進行。人們也在其上試驗各種新可能，如 NFT 藝術收藏、遊戲、社交媒體等。

第四，一個元宇宙不太可能屬於某家公司，理想狀態是其所有權屬於所有參與者。

我們已經在去往這種未來的路上。互聯網平台經常是一家互聯網公司的私有財產，並屬於它的股東。但一個互聯網平台周圍的生態（如打車平台生態中的司機、數據）並不屬於公司。

在一個元宇宙中，其中的資產也是屬於多方的。所有權會像城市一樣複雜，有的是公共品，有的是半公共品，有的屬於公司，有的屬於個人。問題是，一個元宇宙中複雜的所有權如何落實下來呢？

以太坊的做法已經給了我們部分答案。

在規則和代碼層面，它採用的是開源的邏輯。它是開源的，即屬於所有人，你不是以太坊生態中的一員也可以使用。當然，有些人對於規則和代碼有着更大的影響力，維塔利克的觀點影響了核心系統的開發方向。

在網絡整體的所有權層面，它用以太幣的方式將所有權分配給了早期投資者、核心團隊、節點運營方，其他人也可以從公開市場上購買與持有。

在應用層面，如果你在這個生態中創造了新的財產，新財產將由你來決定如何分配。這相當於，在這個城市裏，你可以建設工廠、商店或住宅，新建造出來的財產所有權由你分配。並且，以太坊是開放的，你沒有被鎖定，你可以隨時遷往他處。

在這三個方面，能像以太坊這樣均達到相對理想狀態的網絡很少。相對比特幣系統和以太坊系統，在整體所有權上比特幣系統更分散化，規則和代碼上不相上下，但比特幣系統沒有為應用提供好的基礎，因此其上的應用相對少得多。對比 Decentraland 與以太坊，除了視覺上更立體絢麗，符合人們對於立體互聯網的期待之外，其在三個方面都離以太坊非常遠。而諸如 Facebook 、微軟推進的虛擬現實會議的應用，則根本尚未觸及所有權問題。

在當下互聯網產業中，各個生態是圍繞連接生產者與消費者的「互聯網平台」(platform)展開的。區塊鏈帶來了不一樣的生態構建方式，各個生態是圍繞像以太坊這樣的事物展開的。為了與過去形成區分，現在區塊鏈業界將自己開發的這類新事物稱為「協議」(protocol)。

協議，原指計算機之間共享數據、形成網絡的規則。互聯網就是由一組協議組成的，如 TCP/IP 協議、HTTP 協議等，協議讓計算機能夠相互通信。現在，人們將網絡中與機器、人、資產相關的規則都稱為協議，例如，以太坊是底層區塊鏈協議，波卡是跨鏈協議。這些區塊鏈上的應用也自稱協議，比如做通證兌換的 Uniswap 自稱「Uniswap 協議」，它是一種去中心化交易協議。將自己歸為哪一類，有着非常深遠的影響，將自己歸類為協議，它們相應地把重點放在規則制定、技術實現和治理上。

讓我們連起來看。最早，各種軟件生態是圍繞操作系統展開的，公司提供的產品是操作系統或與之類似的軟件平台。後來在互聯網業中，各家公司在軟件上增加了產品與服務，將自己定位為互聯網平台。現在在區塊鏈領域發生的進一步進化是，去掉平台自己，變成「無我」的協議。我們認為，未來一個個元宇宙的生態構建方式將是圍繞協議展開的（見圖 6-6）。

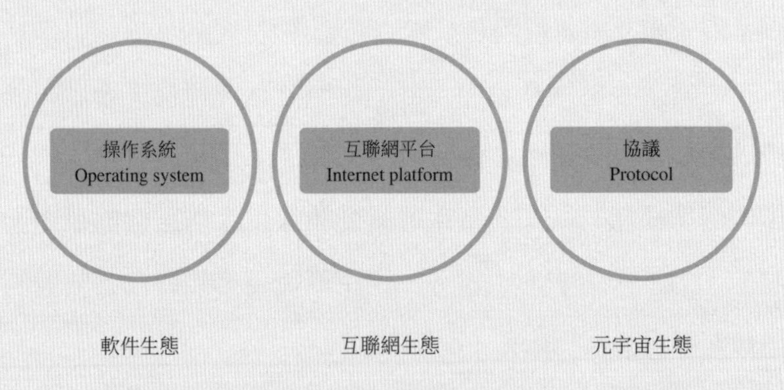

圖 6-6　三代生態構建方式：操作系統、互聯網平台、協議

元宇宙第五塊基石
可編程

07

可編程的世界：DeFi金融城的形成

查爾斯・巴貝奇

計算機先驅、19 世紀數學家

我希望蒸汽動力能夠進行各種數學計算。

弗雷德里克・布魯克斯

計算機科學家、IBM 360 操作系統之父

編程的快樂是一種創建事物的純粹快樂。

實體與數字融合形成的未來世界——元宇宙，它與實體世界的關鍵不同是甚麼？

開車通過高速公路收費站時，我們在多數情況下直接通過：ETC（電子收費）自動識別車輛，從銀行卡中扣款。最近，在一個專業社羣裏，我聽到抱怨：作為會員，申請資料庫的權限幾天未獲得，這是否可以自動化？也就是，能不靠人工，而改成通過編程實現嗎？我們也可以把目光放到更小的範圍，在我的蘋果電腦裏，一鍵可以自動執行一系列頗複雜的操作，工作流系統把快捷鍵、軟件的功能、自己編寫的程式腳本連起來了。這是我們越來越習以為常的實體與數字融合的世界：它是可編程的。而最理想的狀態是，我們每個人都可以自己編寫一些代碼去完成自己想做的事。

我們把目光轉回以太坊區塊鏈網絡。在過去兩年，它上面發生的和可編程有關的事情可能指引着元宇宙的一個關鍵方向。

從智能合約平台到 DeFi 金融城

在區塊鏈行業，以太坊被視為「智能合約平台」。更準確地說，它引領了各類以作為智能合約平台為目標的公鏈、聯盟鏈，而它是最為成功的一個。現在，在排名前 500 的區塊鏈項目中，約有 150 個可視為智能合約平台。

我們可以用智能合約這種獨特的程式開發出甚麼樣的功能呢？在學習智能合約編程時，很多人都試驗過用它進行簡單的商品售賣。我們可以在不使用淘寶與支付寶這些「中間人」的情況下，與陌生人完成商品與款項的互換。在確認收貨之前，智能合約像中間人一樣替雙方臨時保管資金。這裏用到了智能合約的兩個基本特性：無須中介的交換（也稱去中介）、由智能合約進行資金託管。

上一章介紹過以太坊上的眾籌時期，當時眾籌正是通過智能合約這兩個特性來實現的。通常的做法是，一個眾籌智能合約持有要發行的新的數字資產（新的通證），而其他人用另一種老的數字資產（老的通證）來跟這個智能合約交互，按設定的價格用老的通證兌換新的通證。新老通證都由智能合約進行管理。這些眾籌合約之間的細微差別是規則，眾籌規則有時是先到先得，有時是參與者超過一定人數或總投入超過一定金額眾籌才成功。總之，這時人們已經用智能合約實現了較為簡單的廣義金融業務。

2020 年夏天，去中心化金融（DeFi）突然爆發，它主要是指以太坊上用智能合約實現的各種創新金融業務，後來也擴展到各種區塊鏈上。類比來說，以太坊生態裏冒出了一個「金融之城」，當然，這個所謂的 DeFi 金融城遠不像現代紐約曼哈頓繁榮與規範的華爾街，而更像 18 世紀末交易員和投機者在一棵梧桐樹下從事非正式交易的萌芽期華爾街。但是我想，我們沿着現在的早期發展路徑往前展望，或許可以繪製出走向未來的路。

請注意，我們接下來的討論是在全球範圍內討論技術嘗試，而每一項金融產品在不同國家與地區需要遵循當地的法律法規。

DeFi 的創新並不是一夜之間發生的，它已經孕育了很久。2017 年 7 月，西門子的機械工程師海登・亞當斯被公司裁員了，他跟在以太坊基金會的朋友卡爾・弗洛斯克聊天訴苦，卡爾跟他說：「恭喜你，這是發生在你身上最好的事情！以太坊是未來，現在還處於早期階段。你的新使命是編寫智能合約！」亞當斯自學智能合約編程，在以太坊上編寫了 Uniswap 這個協議，用戶可以用它將一種通證兌換為另一種通證。如前所述，區塊鏈上的金融產品通常自稱是協議，強調自身的開源特性、單一功能特性及其他協議的可組合性，與做全鏈條的互聯網平台區分開。當然，為了便於理解我們也可以說，他做了一個通證的交易平台。

同樣，在 2017 年下半年，有金融背景的羅伯特・萊什納創建了一個名為 Compound 實驗室的機構，幾個月之後的 2018 年 1 月，他發佈一篇文章告訴人們：「我們在以太坊上發佈了一款名為 Compound 的協議。這是一個所謂的借貸協議，你可以存入以太幣或其他通證獲取利息，也可以通過我們的協議向其他人借款去投資、使用或賣空。」簡單地說，他在區塊鏈上做了一個簡易的商業銀行業務。

2017 年 12 月，已經在區塊鏈領域創業多年的符文・克里斯滕森在以太坊上發佈了一個新的智能合約，它的實現邏輯很複雜，但功能很直接：如果你在它的智能合約中存入以太幣，那麼你可以得到DAI（他有意選擇與中文「貸」相同的讀音）。背後的系統用複雜的機制做保障，DAI在市場上可以被認為等同於1美元。因此這個產品提供的功能相當於，存入其他資產，借出美元。這個產品的名字叫MakerDao，雖然也有人稱它是借貸協議，但現在大家通常認為，它利用智能合約提供的產品實質是有抵押資產發行的數字美元貨幣，DAI是掛鈎美元的穩定幣（stablecoin）。MakerDao是一個美元穩定幣協議，它扮演着某種簡陋的中央銀行的角色，它的機制接近於錨定某一外國貨幣發行本幣、名為「貨幣局制度」的匯率制度。

在2017年年底、2018年年初，DeFi領域的幾個主要產品的想法與功能都已經成型，但這些產品還要經過漫長的時間才能逐漸成熟，最終在2020年年中集中爆發。衡量金融業務的一個可用的通用指標是它管理的資產總額，區塊鏈業界的術語是TVL（total value locked），即一個產品的智能合約中託管的資產價值。2020年1月1日，所有的DeFi產品智能合約託管的資產總量約為6.6億美元，而到這一年年底為168億美元，是年初的25倍多。2021年這一指標仍持續增長，2021年11月初達到1 123億美元，是上一年年底的近6.7倍。

2020年也有一些新的創新產品形態出現，其中最重要的一個是安德烈・克羅涅創建的Yearn.finance，他幾乎靠自己一個人編寫智能合約程式，創建了這個影響巨大的產品。他最初的開發思路很簡單：他發現，區塊鏈上各種借貸協議的利息有高有低，他開發一個智能合約，把自己和眾人存入的資產隨時酌情移到利息較高的借貸協議，獲得較高的利息回報。幾個月後，隨着 DeFi 領域的繁榮，市場中有了更多利用資產獲利的機會，他編寫了新的智能合約並啟用我們現在知道的名字，不過這些智能合約的核心功能的實質，還是將資產調度到能獲得較高收益的地方。

克羅涅開創的這個產品形態被稱為「收益聚合」，也常被區塊鏈業界俗稱為「機槍池」(vault)。它實現的功能與傳統金融世界中的基金較為接近，替客戶做資產管理：聚集資產，精明地投資。

不同的是，在 DeFi 世界中，資產不是由公司機構管理的，而是由智能合約保管的。資產的投放不是由基金經理決定的，而是由所謂的策略合約決定的。理論上，任何人都可以提交策略合約代碼，成功地提交策略、獲得社區認可的人能夠獲得一定的收益分成。2021 年 11 月，克羅涅編寫的一系列智能合約管理着 46.8 億美元的資產，對於傳統金融來說，這算是一家小規模的共同基金了。

在克洛涅「發明」收益聚合產品之後，DeFi 金融世界的產品序列就已經很接近傳統的金融產品序列了：Compound 對應着存貸，Uniswap 對應着交易，Yearn 對應着基金，MakerDao 與 DAI 大體對應着貨幣(主要是承擔交易媒介的功能)。

2021 年 9 月，英國《經濟學人》雜誌關注到了 DeFi 的爆發性增長，推出封面文章〈掉進兔子洞：DeFi 的誘人承諾與風險〉(見圖 7-1)，作者認為，DeFi 可以提供可信、便宜、透明和快速的交易，但他也提醒人們關注風險。

圖 7-1　2021 年 9 月 18 日《經濟學人》雜誌封面

DeFi 中的智能合約程式

也許你會想一個問題：這些以太坊上的試驗性的金融產品為甚麼叫「去中心化金融」呢？這一方面是因為，它們是運行在以太坊這個去中心化的技術基礎設施上的。以太坊區塊鏈網絡是分佈式賬本與去中心化網絡的組合，其上進行關於價值的計算也都是去中心化的。

另一方面，如果具體看一個產品的工作方式，我們能立刻看到，它把金融產品中常見的「中心」（實際上是金融中介）去掉了。讓我們來細看 Compound 借貸協議。

Compound 借貸協議對應傳統金融中的銀行。銀行作為存款人和貸款人之間的中介，負責借與貸的核心任務：

- 接受存款，貸出貸款，為存款人提供利息作為回報，向貸款人收取利息作為收益。
- 以抵押借貸、信用借貸這兩種主要方式進行風險管理，確保資金安全。
- 管理好資金池或資產池。

在 Compound 借貸協議中，你借貸的過程是：假設你擁有 1 000 枚 ETH，但你看好它的長期發展，不願拋售。你可以將它作為抵押物，借貸美元穩定幣 DAI 以進行其他個人投資。在 Compound 這樣的去中心化的借貸協議中，你可在它的兩個借貸市場中分兩步操作：

第一步：在 Compound 平台的 ETH 借貸市場中，你存入 ETH 資產以獲得利息。同時，你將它設為抵押物，這將讓你在整個平台中獲得借貸額度。

第二步：在 Compound 平台的 DAI 借貸市場中，你以自己在整個系統中的抵押物作為抵押，借出來 DAI。你需要相應地支付利息。

完成如上兩步後，你相當於在傳統商業銀行中進行了一次借貸。這一切是由區塊鏈上的智能合約，也就是 Compound 借貸協議的兩個借貸市場對應的智能合約來完成的，銀行的角色被去中心化的協議所取代（見圖 7-2）。在 DeFi 中，這些資金池 / 資產池不由任何人掌控，而是由鏈上的智能合約來掌控，這利用了區塊鏈上的智能合約可以按照規則可信地獨立持有資產的特性。

對比一下，區塊鏈上的這些廣義金融嘗試被稱為「去中心化金融」是有原因的，它與傳統銀行的最大不同就是「去中心化」。

在傳統銀行生意中，銀行是借貸業務運轉的中心，它接受存款、借出貸款、處理抵押與利息。任何一家銀行都有總部大樓、金庫、櫃枱以及龐大的金融 IT 系統，而威嚴的銀行總部大樓象徵着銀行的信譽。

在區塊鏈金融中做借貸業務，總部大樓、金庫、櫃枱、IT 系統都不再需要，它們化身為區塊鏈如以太坊之上的幾個智能合約程式。這些智能合約在被部署到區塊鏈之後，就不能再修改，部署它的人也沒有任何特權。

特別地，這些借貸協議聚合起來的數字資產是由「智能合約」按規則保管的，無人可以干預、動用。如果一條區塊鏈是安全的，且智能合約的代碼是沒有漏洞或後門的，則智能合約可以可信地承擔資金管理的功能。這是區塊鏈與智能合約的一個重要特性，也是借貸協議技術上的基礎。借貸協議是建立在智

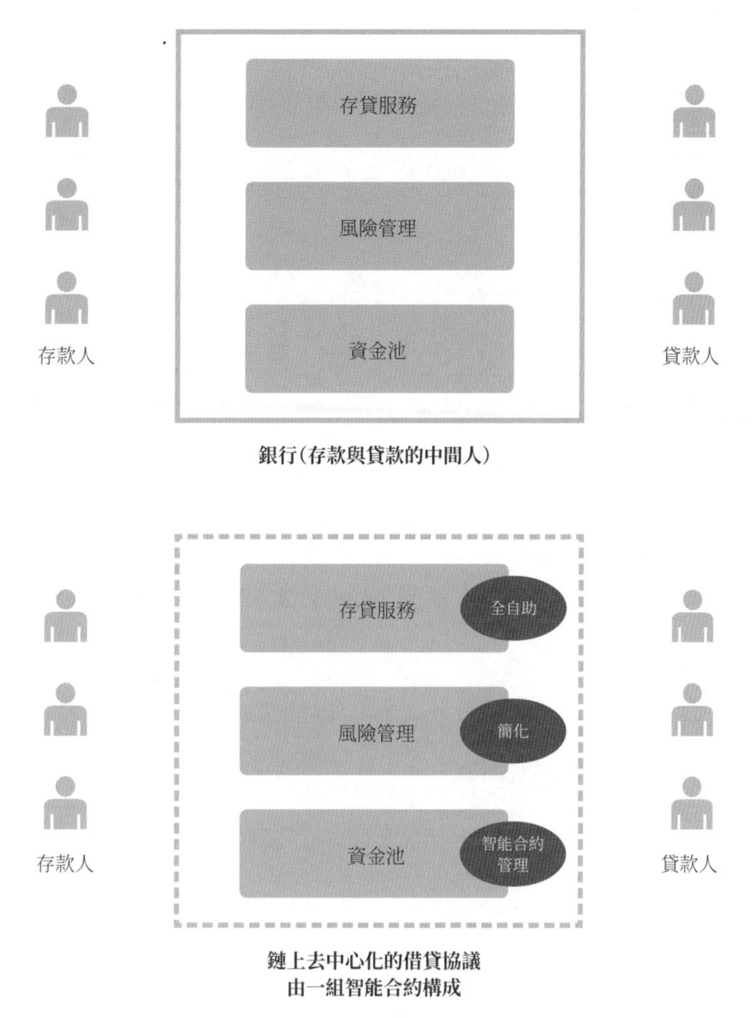

圖 7-2　智能合約替代銀行的金融中介角色

能合約可以安全地、可信地做數字資產保管的前提假設之上的。

存款人、貸款人跟這些智能合約程式交互——存錢、取錢、貸款、還款。也就是說，區塊鏈金融重新做借貸這個銀行的經典生意的方式是，不再需要中心，一切都交給區塊鏈上的智能合約程式。當然，並不是所有人都會直接與智能合約直接交互，多數人還是通過可視化的網頁界面來與智能合約交互，但請注意，網頁界面只是在智能合約之上增加的一層更人性化的界面而已。

Compound 上有三種用戶角色，除了存款人、貸款人，還有清算人（liquidator）這一角色。當一筆貸款出現抵押不足（比如抵押物價格下跌），需要清算時，清算人可以替貸款人歸還貸款，他們將以市場價格獲得抵押物。如果抵押物在未來幾天價格上漲，他們將因此獲利。有了這樣一個機制，存款人的資產安全和整個系統的資產安全就得到了保證：每一筆貸款永遠有超額抵押。

傳統的銀行中通常並不需要這樣的「清算人」的角色，因為銀行自己承擔了這個角色。但是，當一家銀行的存款壞賬過多時，也是有清算人角色的，資產管理公司接受銀行的壞賬，進行處置。通過引入清算人角色，Compound 將借貸業務中的所有角色都移到了鏈上。

正如「協議」這個詞所暗示的，這個時候其實已經不再需要一個銀行機構實體，各方依據協議所設定的規則進行交易。同時在這裏，協議又變得具體起來，一個協議是編寫、部署、運行在以太坊區塊鏈上的一組智能合約。

我們來具體看看 Compound 中包括哪些智能合約。

Compound 這個借貸協議實現了像銀行一樣的存款、貸款功能，但它並不需要做建立一家銀行的那些複雜任務，它首先做的是，編寫兩大類智能合約程式。

第一類智能合約是主控程式，是一個所謂的「審計官合約」（Comptroller）。它是這家「銀行」的風險管理部，根據用戶的存款決定他有多少貸款額度。它記錄評估一個用戶需要多少抵押物，決定一個用戶是否要被清算。每當用戶與一個借貸市場互動時，審計官合約就會被詢問是否同意這一交易。

第二類智能合約是針對每一類資產的借貸市場，比如「DAI 借貸合約」、「ETH 借貸合約」等。當一個用戶要存入某種資產、借貸某種資產時，他就去跟相應的借貸市場智能合約交互。它裏面用到一種特殊的內部通證，即所謂的 cToken，當你存入一種資產如 DAI，你將得到名為 cDAI、相當於銀行存單的存款憑證。

現在，Compound 有 9 個借貸市場，如果用一家傳統的跨國銀行做類比，相當於它分別為美元、日圓、黃金等不同資金或資產各提供了一個借貸市場。具體到每種借貸市場，Compound 僅僅靠一個智能合約就實現了。一個特定的借貸市場智能合約實現了資金池保管、存款業務和貸款業務。如前所述，審計官合約在其上一個層次決定每個用戶的貸款額度。

Compound 還有第三類智能合約，即它的治理通證 COMP 的智能合約。

我們仍以一家傳統的銀行做類比：銀行會發行股票給股東，股票的總價值對應的是銀行作為一家商業公司的股東價值。持有股票的股東每年可以獲得分紅。通過股東大會投票，股東能對銀行的重大發展事項進行決策。股東可以把自己的股票轉賣給其他人。

在區塊鏈金融的世界中，大家可以成為一家借貸銀行的股東嗎？Compound 用治理代幣 COMP 讓存款人、貸款人作為用戶也在某種程度上成為它的「股東」。當然，這僅是一個類比，它和傳統的股東內涵是非常不同的。

2020 年，Compound 開始用社區治理取代原來的團隊管理。2020 年 2 月 27 日，它發佈了《Compound 治理》公告。4 月 16 日，新的治理方式上線，它的治理是通過 COMP 治理通證來實現的。它邀請 COMP 的持有者參與關於 Compound 發展方向的決策，這在區塊鏈中通常稱為「治理」(governance)。

它按貢獻向存款人、貸款人發放治理代幣 COMP。當你向 Compound 的一個借貸市場存款時，你實際上就是在為它提供流動性，當你向它借款時，你也為這個借貸市場的發展做出了貢獻。

總結如上分析，如圖 7-3 所示，Compound 主要由三個部分組成。

- 審計官合約 (Comptroller)，它是借貸平台的總控角色。
- 一系列借貸市場智能合約，它們運轉着一個個借貸市場。這些智能合約也是 cToken 對應的合約。
- COMP 治理通證合約，掌控整個項目的治理權。向用戶分配 COMP 由審計官合約完成。

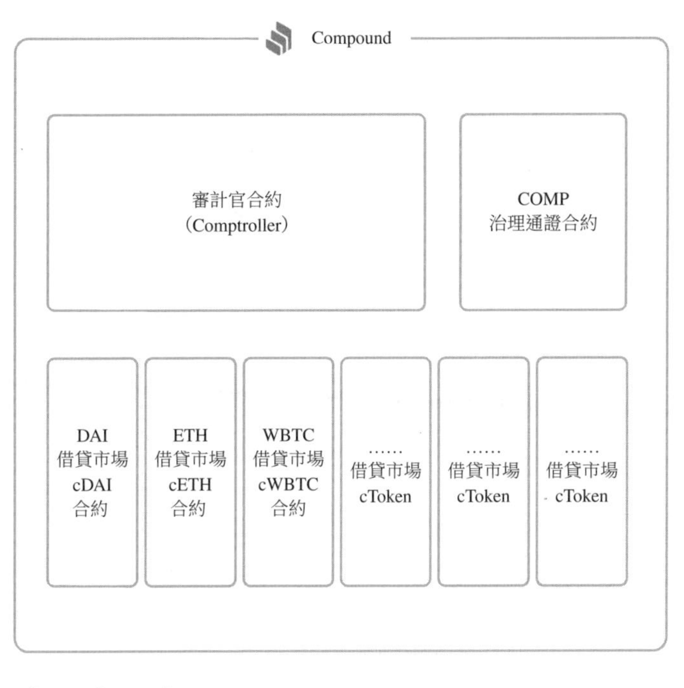

圖 7-3　Compound 的三個組成部分

Uniswap 的結構與 Compound 是大體相似的，只是有其特定的名稱，以第二版為例，其三類智能合約的名稱分別是工廠合約、交易對合約、UNI 治理通證合約。

Yearn 的結構也是類似的，其三類智能合約的名稱分別是控制員合約、資產池合約與策略合約、YFI 治理通證合約。

Uniswap 實現的機制有一些特別之處，我們這裏簡要介紹其中的亮點。對於普通用戶來說，Uniswap 的兌換功能和界面相當簡單直觀：按市場價格，將一種通證（A）兌換為另一種通證（B）。而背後的實現原理卻與我們過去所知的交易平台大有不同。它不是一個撮合平台，讓用戶在其上與另外的用戶進行兌換，即所謂的 Peer-to-Peer 模式。在它上面，用戶與兌換池（也就是流動性池）中的通證 A、通證 B 完成兌換，這是所謂的 Peer-to-Pool 模式。當用戶要用通證 A 兌換通證 B 時，他將通證 A 放入兌換池，而按照某種價格取走相應的通證 B。

Uniswap 的獨特創新是「恆定乘積自動做市算法」。假設兌換池中通證 A 的數量為 x，通證 B 的數量為 y。用戶兌換後，通證 A 的數量變為 x'，通證 B 的數量變為 y'。所謂恆定乘積自動做市算法是，用戶兌換前與兌換後，x 與 y 的乘積保持不變。

為了幫用戶完成通證的兌換，Uniswap 整個平台中需要有兩類用戶：

- 第一類是普通的兌換交易用户，他們用一種通證兌換另外一種通證。
- 第二類是所謂的流動性提供者 (liquidity provider, LP)，他們向交易對的兌換池按規則注入一對資產，讓第一類用户的兌換能夠完成。

流動性提供者向兌換池注入資產時遵循的要求是：兩種資產的價值相等，兩種資產的匯率是當前市場價格。每次有流動性提供者向兌換池注入資產後，恆定乘積自動做市算法就會重新計算，得到一個新的恆定乘積 K 值。這些用戶將獲得交易費用作為自己的收益，現在為 0.3%。在 Uniswap 發行了治理通證 UNI 之後，它向其中一些交易對的流動性提供者發放 UNI 形式的獎勵。

Uniswap 這個通證兌換協議運轉的最小單元是每個交易對的智能合約：

- 每一個交易對，都有一個交易對合約實例。
- 每一個交易對合約，都管理着這個交易對的流動性提供者（LP）的資金。
- 每一個交易對合約都有一個自己的 LP Token（第二版是 ERC20 標準，第三版是 ERC721 標準）。比如，對於 ABC/ETH 交易對，流動性提供者獲得 ABC/ETH LP Token 作為憑證。

當我作為流動性提供者提供一對通證組成的資產到流動性池時，智能合約會生成一些 ABC/ETH LP Token 給我。當我從流動性池取回自己的資產時，對應數量的 ABC/ETH LP Token 會被銷毀。

通過對 Compound 借貸平台與 Uniswap 兌換平台的拆解，我們可以看到，通過精巧地組合智能合約和通證（包括資產通證、本金與利息通證 cToken、流動池份額通證 LP Token、治理通證），我們可以在區塊鏈上實現原本需要複雜的經濟、技術與社會組織才能實現的金融功能。在 2020 ～ 2021 年的兩年間，DeFi 大繁榮讓我們窺見未來價值互聯網的模樣。

治理通證的創新：組織協調與利益分享

也許你注意到了，這裏出現的一個特別的事物是所謂的治理通證。未來元宇宙世界的組織協調與利益分享，可以從它的做法中得到一些借鑒。同時，治理通證也是我們下一章要討論的新組織形態 DAO 的關鍵組成部分。

DeFi 協議的業務非常像互聯網平台公司，用技術產品為用戶提供服務，自身也獲取一定的收益。如果按互聯網平台公司的運行方式，它們的組織方式可能是：公司的股權屬於創始人與投資者，公司的重大業務決策由董事會和管理團隊做出。

DeFi 協議在兩個方面都往前進了一步：公司的權益不是僅屬於創始人與投資者，而是同時屬於所有的用戶。很顯然，將權益分配給所有的用戶靠股權這種形式是不行的，因而它們都採取了所謂治理通證的做法。Compound 按照用戶的存款、貸款金額與時長向用戶分配治理通證，這帶來的效果類似於，當我們作為客戶在一家商業銀行存款時，我們按貢獻獲得了微小比例的銀行股權。當然，你要注意，治理通證在法律上並非股權。Compound 通過分發治理通證實現的轉變是：將項目由團隊管理，轉變為由社區共同管理。Uniswap 稍後也做了同樣的安排，並且，它還向在之前一定時間內使用過它的產品的用戶，每人追溯補發了 400 個 UNI 治理通證。

它們為何叫治理通證呢？這反映了這些通證的功能：你持有這些通證，可以參與項目重大事項的投票，決定項目的發展方向。以 Curve 交易平台為例，它的治理通證有兩個功能：通過抵押治理通證可以增加自己在其上投資的收益比率；通過治理通證投票可以決定其內部的一些參數，也就是說，產品的重大決策是由持有治理通證的用戶投票決策的。投票決策結果由程式運行，無人可以干涉。

克羅涅還進行了一個更加理想主義的嘗試，也就是所謂的「公平啟動」(fair launch)。其他項目的治理通證總有一定的比例預先分配給創始人、早期投資者，而 Yearn 沒有預先分配治理通證給創始人，所有的治理通證都是按用戶的貢獻分配出去的，當然，創始人也因貢獻獲得了一定的分配。這其實是比特幣系統開創的理想模型，計算節點為網絡所做的貢獻，所有的比特幣都是根據貢獻逐步分配給他們的，創始人中本聰沒有預先獲得任何比特幣。

當然，這個做法過於理想主義，讓創始團隊及後續加入的核心團隊的貢獻沒有得到相應的經濟回報，引發怨言，並對長期發展形成障礙。2021 年 1 月，團隊提出提案建議增發一定數量的治理通證，原來 Yearn 的治理通證一共有 3 萬枚，提案建議增加 6 666 枚，其中 33% 用於獎勵核心團隊，67% 放入項目的財庫(treasury)，供公司業務發展之用。投票結果是，83% 參與投票的用戶支持這個提案[①]，Yearn 增發了 6 666 枚治理通證。

在治理通證被「發明」之後，它甚至成為 DeFi 項目建立自己的網絡效應的利器。其背後的邏輯很直接、易懂。治理通證的基礎功能是讓用戶擁有部分所有權，並讓用戶擁有治理權。之後，治理通證在市場交易中有了市場價格，如果眾人看好項目未來的發展前景則價格上升，如果不看好則價格下跌。

這些 DeFi 項目根據貢獻向用戶分發治理通證，實際上就是在向用戶發「紅包」，吸引他們來自己的平台，讓平台的網絡效應快速形成。這是互聯網平台啟動初期的常見做法，比如在滴滴出行發展初期，它與競爭對手競相向司機、乘客發放現金紅包，以儘快形成網絡規模，超過對手。不同的是，這些 DeFi 項目發放的不是現金紅包，而是可視為網絡權益、有市場價格的治理通證。用戶在獲得治理通證獎勵後，如果看好項目則長期持有，如果不看好也可以立刻賣出變為現金收益。

從 2020 年年中興起向參與者分配治理通證的做法，讓很多 DeFi 項目快速興起。但是，一些現象顯示，治理通證還有一個殘酷的優勝劣汰效果：如果一個項目業務健康、社區活躍、前景被看好，它的治理通證價格會持續上漲，這會形成正向循環，項目會變得越來越強大。而如果一個項目發展不順甚至出現問題，它的治理通證價格會暴跌，用戶會拋棄這個項目，讓項目快

---

① 提案見 https://gov.yearn.finance/t/yip-57-funding-yearns-future/9319。投票結果見：https://snapshot.org/#/yearn/proposal/QmX8oYTSkaXSARYZn7RuQzUufW9bVVQtwJ3zxurWrquS9a。

速地被淘汰。這對於普通用戶來說也可能是殘酷的，你自己持有的治理通證可能一下子變得一文不值，你參與投票也無力改變項目失敗的命運。

可編程帶來可組合性：用代碼連通起來

DeFi 這個金融之城裏進行的試驗和傳統金融有很大的不同。我們來更深入地看其中的不同，尤其是「可編程性」。可編程，就是我們可以編寫代碼去操控變成數字的東西，各種各樣的東西可以進行計算。

在區塊鏈上，你可以借一筆款項，然後在幾分鐘或幾十分鐘後就歸還。在傳統金融的世界中，我們普通人很難向銀行申請一筆只用一天的貸款，因為審批流程可能都比一天長。在銀行間市場，由於有相應的機制和技術手段支撐，銀行或金融機構可以實現隔夜借貸，以緊急補充資金。但時間粒度很難再進一步減小。

在區塊鏈上，在極端設計中，你甚至可以在一個區塊時間內完成貸款與還款，以太坊的一個區塊間隔時間約為 15 秒。區塊鏈中有一種特殊的貸款叫閃電貸（flash loan），如果你在一個區塊的開始借入資產，在這個區塊打包前歸還資產，就可以在無須抵押的情況下借出幾乎無限的資金。這是因為，在一個區塊時間裏完成借與還，實際上並未變更區塊鏈賬本中的整體所有權狀態。因此，你可以在極短時間如幾秒鐘內擁有無窮多的資金。後面我們會看到，這是一個很有爭議的創新。

在剛剛討論 DeFi 金融產品時，我們實際上已經討論到了 DeFi 金融產品的可組合性和可編程性。下面再換一種方式說一下 Yearn 這個類似於共同基金的產品。當用戶把資產存入它的資產庫智能合約之後，它讓獲得眾人同意的策略智能合約自動地調度資產，把這些資產存入到其他產品中去，獲得收益，並隨時調整。因此，它的產品能夠存在，是因為它可以運用整個 DeFi 生態中各種產品可以組合在一起的特性，這就是像積木一樣的可組合性。這種特性也被形象地稱為「貨幣樂高」（money lego）。

用戶自己也可以參與這種組合。比如，你把一種資產存入 Compound，得到存單，然後，你可以把這些存單投入區塊鏈上其他的 DeFi 協議，獲得更多的投資回報。甚至，你還可以把在第二個協議中得到的類似資產憑證的東西，接着存到另一個協議中去。這些 DeFi 協議是運行在區塊鏈上的代碼，我們可以用網頁界面與它們交互，就像用戶使用傳統銀行的網銀 App 一樣。如果你會編寫代碼，你可以自己編程與這些接口直接交互。

這種近乎無限的可組合性是 DeFi 金融快速成長的原因。生態中有眾多的模塊，不斷有創新者發明新的模塊替換不好的模塊。這些模塊又可以組成大一點的創新模塊或產品。由技術模塊組成的整個生態開始像有了生命一樣瘋狂生長。技術創新方面的重要研究者哈佛商學院教授卡麗斯・鮑德溫、哈佛商學院前院長金・克拉克曾經出版著作《設計規則：模塊化的力量》，他們對信息技術的發展邏輯和根本驅動力的總結就是模塊化。

在軟件代碼等領域，我曾經深入體會過模塊化的力量，而在 DeFi 極致的模塊化中，我看到它近乎瘋狂的生命力。

有人可能想：你怎麼能用「瘋狂」這樣極富情感色彩的詞呢？這是因為，接下來我要講述的這個案例是瘋狂的：黑客利用 DeFi 可編程性、可組合性的特性，利用漏洞在幾秒鐘內盜取了 1.3 億美元資產（見圖 7-4）。我們反對黑客這樣的違反社會規則、觸犯法律的行為，討論這個過程是想讓你看到這其中被黑客惡意利用的技術特性。如果能正向利用這些特性，創新者可以創造出優秀的產品和應用。

2021 年 10 月 27 日，一個功能相當於廣義的銀行、名為 Cream 的 DeFi 金融產品被黑客捲走 1.3 億美元的資產。它提供給客戶的功能是，可以存入資產獲取利息，也可以接着支付利息、貸出資產，這 1.3 億美元是它幾乎所有的客戶資產。說它是一家廣義的銀行是因為，你不光可以存入現金，還可以存入比如某家公司的股票，又或者其他機構開出的有抵押物的憑證。

為了便於理解，我們還是用打比方的方式來說明黑客利用的漏洞。有一家金匠工坊，客戶向它存入黃金，它則開出憑條說，憑此可以兌換黃金。假設這家金匠工坊存有 100 千克黃金，1 萬張憑條對應着這些黃金，每張憑條值 10 克黃金。正常情況下，有人存入黃金就開出新的憑條，有人取出黃金就銷毀對應

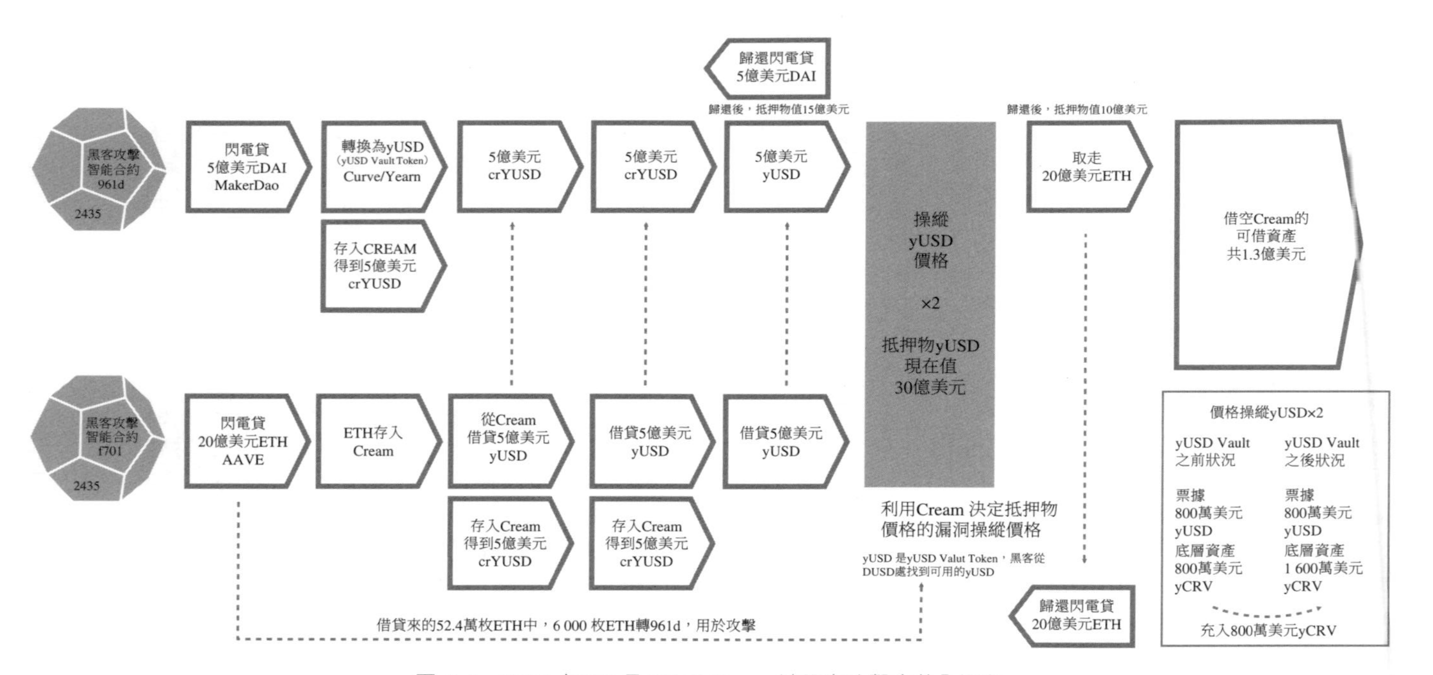

圖 7-4　2021 年 10 月 27 日 Cream 被黑客攻擊事件全過程

的憑條。

黑客做的是，他往金匠工坊的金庫裏塞入了 100 千克黃金，這帶來的後果是：現在，一張憑條值 20 克黃金。你可以在 Cream 存入這種黃金憑條，再以此為抵押找它貸款。漏洞在 Cream 那裏，它會錯誤地認可黃金憑條價格的翻倍暴漲。

在惡意操縱價格之後，黃金憑條的價格翻倍，這一刻黑客名義上在這家機構有 10 億美元的存款。黑客以此為抵押，借空了這家機構的全部資產。簡單地說，黑客玩了一個操縱價格的把戲。

我想你的下一個問題是：在這一刻黑客怎麼能在這家機構有數以億計的存款呢？黑客利用的是閃電貸。一直以來，DeFi 的閃電貸是一個有爭議的產品。支持者認為，它讓創新者不必考慮資金的限制，從而進行各種創新。反對者認為，閃電貸屢屢被黑客利用，應當對這個產品形態做出限制。我們暫且放下這個爭論，來看看整個攻擊過程。

黑客（地址後四位 2435）編寫了兩個智能合約程式進行攻擊，第一個下稱 961d 程式（智能合約地址的後四位），第二個下稱 f701 程式。

利用第一個 961d 程式，黑客在毫秒級別的時間內做的是：他利用 MakerDao 的閃電貸短時借出 5 億的美元穩定幣 DAI，5 億美元 DAI 先被存入 Yearn 變成了 5 億美元 yDAI，然後存到 Curve 變成 5 億美元 yCRV。然後，他將這些 yCRV 變成 yUSD，再存入 Cream，拿到代表 5 億美元的 crYUSD 存款憑證。

利用第二個 f701 程式，黑客做的是：他利用另一個借貸平台 AAVE 的閃電貸借出 20 億美元的 ETH 資產（52.4 萬枚），將這 20 億美元 ETH 存入 Cream。然後，他以此為抵押物，分三次（每次 5 億美元 yUSD），共借貸了 15 億美元 yUSD，其中 10 億美元再次存入變成 crYUSD 憑證，5 億美元保持原狀為 yUSD。借出 15 億美元後，他還有 5 億美元抵押物。另外，黑客還從第二個 f701 程式向第一個 961d 程式轉了 6 000 枚 ETH，以供在後續攻擊中使用。

黑客取走 5 億美元，歸還了 961d 程式的 5 億美元閃電貸。

這時，黑客的第一個 961d 程式在 Cream 這裏有 15 億美元名為 crYUSD（可看成與 yUSD 相同）的抵押物。

接着，他利用漏洞展開攻擊，也就是操縱 yUSD（同時也是 crYUSD）的價格，將之變成原來的兩倍。現在，雖然黑客第一個 961d 程式只有 15 億美元抵押物，但 Cream 錯誤地認為它有 30 億美元的抵押物。

黑客接下來做的事情就很簡單了：他取走 20 億美元 ETH，歸還 f701 程式的閃電貸。

這時，黑客的第一個 961d 程式在 Cream 系統中總共還有 10 億美元的抵押物。黑客以此借空了 Cream 的所有客戶資產。這一切就發生在數秒內。

到目前為止，被盜機構、安全公司和白帽黑客仍在努力追蹤黑客以挽回損失，重建正義。

如果進一步深挖，黑客在攻擊過程中還利用了其他 DeFi 產

品來進行資產的轉換，在攻擊前還利用了一些匿名產品以隱匿姓名、隱藏行蹤，在攻擊成功後又通過複雜的操作將資產轉走、逃避追蹤。我們就不一一講述了。我想，以上介紹足以讓你從黑暗的一面感受到可編程性、可組合性的力量。在整個過程中，黑客用編程的方式在數秒內組合利用了如下的產品或功能：MakerDao、Curve、Yearn、Uniswap、AAVE 以及最終被攻擊的 Cream。技術的力量是強大的，眾多功能強大的技術模塊組合起來則更為強大，但正如這個例子所展示的，技術的力量如果被反向利用將帶來災難。

編程能力是元宇宙時代的聽說讀寫

我們即將進入實體與數字融合的新世界，在新世界中，編程能力是聽說讀寫這樣級別的基本能力。不能誇張地說，不會編程你就是「文盲」，但不會編程，你在數字世界會活得不那麼高效。

現在你當然可以利用程式員的成果 —— 已經完成的軟件產品。一代代軟件產品都在持續改善用戶體驗，降低你使用的門檻。現在你使用手機上的 App 就跟用家用電器一樣平常。但是，如果願意接觸編程，你會開啟一扇通往更大世界的大門。

編程不是甚麼難事，現在很多人在中小學階段就接觸了，而大學階段編程是基礎課程。現在在中國內地，一些機構甚至將編程教育帶入少兒領域。我說的編程並不是指你要成為程式員，更不是一下子成為頂級的程式員，而是指一步步努力更深入地利用代碼與編程。

第一步，利用軟件的複雜功能，並擴展到使用其中的腳本代碼。

在日常工作中，表格軟件 Excel 是必備工具。如果你往前一步，掌握篩選、排序等和數據有關的功能，你可以更好地完成任務。如果你能夠用簡單的公式，比如求和與平均、條件顯示，或更進一步編寫複雜公式進行建模，那麼你能製作出更好用的表格。如果你能夠編寫 Excel 的腳本甚至用 Python 編程語言程式與它協同工作，你的 Excel 將變得非常強大。如果你願意利用更複雜的工具，你將如虎添翼，比如為了查詢區塊鏈的數據並生成圖表，我們可以將數據導入 Excel 製作圖表，但我們常用的工具是一個名為 Dune Analytics（沙丘分析）的在線工具，我們用數據庫查詢 SQL 語言編寫腳本，方便地在瀏覽器中顯示實時圖表。

如果你能夠稍稍利用代碼的力量，你的個人電腦也可以變得很強大。當旅遊歸來，你可能要將大量文件按規則改名，比如將照片的名字從「DSCF1587.JPG」變成「1587-20211201-Beijing.JPG」，編寫一個腳本進行處理肯定比一個個手工修改要方便。如果要縮小圖片文件並加上 LOGO，巧妙地編寫腳本同樣可以方便地做到。甚至，你可以進一步編寫腳本與電腦中的 Photoshop 軟件協同，由軟件執行使用其內部功能的圖片調整操作，再自動上傳到你喜歡的旅遊圖片社交網站。如果你使用蘋果的電腦，它提供的自動操作（Automator）就可以幫助你。如果你要自己定製功能，你可以編寫 AppleScript 腳本或命令行腳本。在 Windows 電腦上你同樣可以在一些軟件的支持下實現這些功能。

現在很多人習慣於用手機，而不願用相比而言有些笨重的電腦，這其實是自己關上了編程的門。我們每天都在上網，而如果用電腦上的谷歌 Chrome 或微軟 Edge 瀏覽器上網時，我們可以進行大量的定製。簡單的如調整瀏覽器設置，安裝擴展第三方功能插件，比如如果使用區塊鏈，你會用到名為 MetaMask 的錢包插件。我們也可以在別人程式的基礎上改寫簡單的功能插件，滿足自己特定的需求。更進一步，我們可以使用諸如 Tampermonkey 這樣的用戶腳本工具，讓自己的瀏覽器可以執行複雜的操作。打開瀏覽器的控制面板（Console），我們可以直接編寫、運行 Javascript 程式處理網頁上的信息。

如果你用的是一個可編程的軟件空間，你可以做很多事。你可能在一些微信羣中看到過機器人，這是有人通過編寫程式繞過微信的限制，在有人進羣時由機器人說句歡迎的話。如果一個軟件開放了編程的限制，你可以做更多的事，比如遊戲用戶在用的 Discord 聊天工具，它提供了開放程式接口，你可以編寫程式實現複雜的邏輯——誰有資格加入某個頻道，用戶發言後自動給用戶發積分，用戶可通過聊天發出命令讓程式去查詢和做出回覆。

其實，整個互聯網甚至整個數字世界都是可編程、可組合的。你可以簡單地組合市面上的技術工具或模塊實現如下功能：當你收到一個重要客戶的電子郵件，其他工具自動撥打你的電話通知你。

上面描述的涉及很多你熟悉的產品中的陌生功能，我是想通過這樣的方式告訴你，如果能夠抵抗住對於陌生技術工具的恐懼，往前稍稍走一步，你就會找到更好地利用這些產品讓自己在數字世界中生活得更好的方式。

第二步，掌握幾種編程語言和熟悉一些運行環境。

接着用 Excel 來說明。當你編寫函數或者編寫 Visual Basic 腳本時，你其實就是在用較為簡單的編程語言，運行的環境是 Excel 軟件。而當我們用 Python 語言來編寫代碼操作 Excel 中的數據時，我們用的是通用一點的編程語言，運行環境是個人電腦裏的 Python 運行環境。

當我們在通用雲服務器如亞馬遜雲（AWS）或 Vercel 這樣的專用型服務器上編寫和運行 Node.js 的網頁應用程式時，我們用的編程語言後端和前端都是 Javascript 編程語言，運行環境分別是服務器和用戶的瀏覽器。

在以太坊區塊鏈上，我們可以用 Solidity 編程語言編寫智能合約代碼，實現想要的業務邏輯，最終讓它運行在以太坊虛擬機（EVM）這個環境之中。當然，這並不容易，你會遇到一系列不那麼熟悉的工具，比如在這裏接觸到的一系列編程工具，如 Truffle 開發套件、OpenZeppelin 代碼庫、Web3.js 接口庫、Ganache 本地測試鏈等。

當你邁出這一步時，你就不再是稍稍定製一下軟件產品的「用戶」，而開始往「生產者」的角色轉變。在一開始，你編寫的程式可能只有你自己一個用戶，但你已經走向了數字世界最典型的角色 —— 產消合一者（proconsumer），你既是生產者又是消費者。

當然，不要以為後面的路很容易，編程實現優秀程式的路上還有無數的高山等着你翻越，編程實現優秀的系統產品則更複雜。如果你想走這條路，有一本經典著作推薦給你《程式員修煉之道：通往務實的最高境界》（The Pragmatic Programmer）。

在過去十多年裏，在編程這件事上對我最有幫助的一句話是：「你可以自己編程啊！」十多年前移動互聯網剛剛興起，我處在「我們有一個偉大的點子，就缺一個程式員」的狀態，當然，我們幸運地找到了一組非常優秀的程式員。在團隊開發的過程中，我依然發現難以找到足夠多能在蘋果手機 iOS 操作系統上開發 App 的程式員，在跟我的一個程式員高手朋友抱怨時，他說：「你有編程基礎，也一直自己寫程式玩，你可以自己編程啊！」我這麼做了，重新學了 Objective-C 語言和 iOS 編程環境。此後，隨着數字世界的擴張，各種各樣的新空間不斷開啟，對於新出現的編程語言和運行環境，他的話讓我樂於一次次去學習與嘗試，偶爾編寫一些好玩的程式。這樣半業餘的編程並不會讓我成為頂級高手，但我知道這條路通向有趣的未來。

第三步，把編程視為自己的專業，全力去鑽研、去實踐，用它去實現驚人的功能，去創造優秀的產品。

第三步是通往專業人士的階段，不屬於我們這裏要討論的範圍了。但我想，對於多數人來說，走出編程的第一步，再努力走出第二步，掌握數字世界的基礎「聽說讀寫」能力是必須的。

「你可以自己編程啊！」

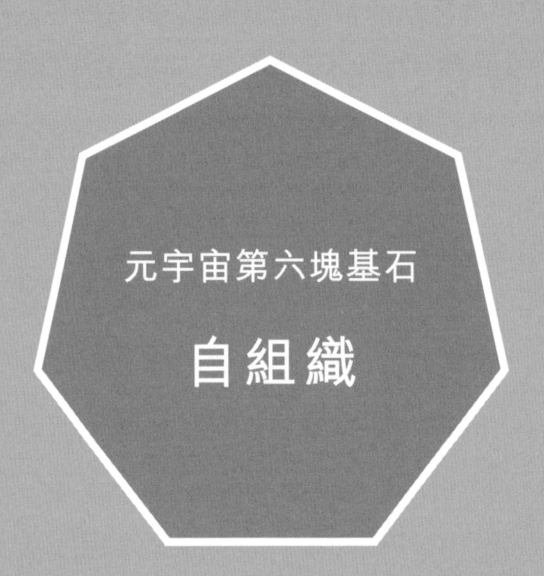
元宇宙第六塊基石
自組織

08

DAO，未來的組織

經濟學家汪丁丁出版的一本書的書名

自由人的自由聯合。

迪伊・霍克

維薩（VISA）創始人

在未來的組織中，應有一個明確的目標指向以及一系列健全的原則，在它們的指導下，能迅速達成許多特定的短期目標。

在中國內地，曾經每個人都屬於一個「單位」。現在，城市裏大多數人都在各自的公司裏工作。在一個公司的屋檐下，眾人共同生產與創造價值。但近些年，有一些微小的變化在發生，微信或抖音上的自媒體人並不是騰訊或字節跳動的僱員，滴滴司機或美團騎手也不是背後互聯網平台的僱員。

新的變化還在繼續湧現，最新的變化則是初看頗令人費解的所謂 DAO（去中心化自治組織，decentralized autonomous organization）。近年來，區塊鏈領域內眾多技術項目紛紛在進行社區化改造，將自己變身為 DAO，並利用技術工具來進行協同、決策以創造價值。當我們開始生活在實體與數字融合的新世界，DAO 可能意味着未來的組織形式。要理解未來，讓我們再回到歷史中去，嘗試找到從過去向未來的那條線。

組織的變遷：從市場，到企業，到平台，到社區

在《公司的概念》1983 年版前言中，管理學者彼得・德魯克回顧自己這本最早出版於 1946 年的著作，他寫道：「40 年前，此書寫作之際，人們幾乎還沒有注意到公司。」到了 20 世紀 80 年代，公司變成了社會中最重要的組織機構之一。的確到了這

個時期，與同樣重要的政府部門、醫院、學校相比，公司是創造社會經濟價值的主要組織。

公司帶來的一個變化是，我們作為個人屬於哪兒？德魯克清晰地描述了變化，「在所有發達國家中，1983 年的社會已經成為一個僱員的社會」。而在 20 世紀 40 年代的社會上，多數人是自我僱用者，比如農民、工匠、律師、醫生或小店店主。

那麼未來呢？德魯克對於未來（其實也就是我們所處的現在）的判斷有一個被公眾熟知的觀點：知識經濟與知識工作者（knowledge worker）。知識工作者和公司的關係與工人和工廠的關係是大不一樣的，他當時預測，「受過高等教育的人將會成為自我僱用者」。40 年後，他的預言開始有了一點現實的跡象：一小部分知識工作者開始脫離公司。

從諾獎得主、經濟學家羅納德・科斯的交易成本理論中，我們可以繪製出一個更簡明清晰的組織形態演變路徑。我將之總結為「從市場，到企業，到平台，到社區」。

在 1937 年發表的經典論文《企業的性質》中，科斯用交易成本理論對企業的本質加以解釋：由於使用市場價格機制的成本相對偏高，因而形成企業機制，它是人們追求經濟效率而自然形成的組織。之前，農民、市民、工匠在市場上直接交易，用市場交易進行協同。之後，他們成為公司的僱員，公司組織內的命令與控制可以更高效地協同生產。

我專門把《企業的性質》找出來，看看科斯 80 年前是以甚麼樣的語言說的。在他看來，經濟學家承認有兩種組織經濟與活動的工具：價格機制協調工具、企業組織協調工具。他指出：「市場的運行需要成本，而組成組織，並讓某些權威人士（如企業家）支配資源，如此便可節省若干成本。」企業成為經濟生活中的主要組織形式的原因是，「企業這個概念的引入，主要源於市場運行成本的存在」。這就是所謂交易成本理論，它解釋了企業的性質，還可以解釋之後更多的變化。

在之後的幾十年，我們看到大型公司變得越來越大，它們為了追求經濟效率甚至將產業鏈的每個鏈條都納入自身內部。隨後又有一些校正，很多大型公司如波音、耐克等轉向關注核心能力和最終產品，而把一些生產過程交給協作企業去完成。這背後的決策依據仍然是科斯提出的交易成本：如果放在內部交易成本低，就在內部；如果放在外部交易成本低，就在外部。到這時，在現代經濟中，大型企業是資源配置和商品生產的組織者，在一個個產業生態中扮演着關鍵角色。

當互聯網特別是移動互聯網時代到來後，互聯網平台大量湧現。互聯網平台雖然表面上看仍然是一個個巨型企業如阿里巴巴，但它們組織生產的方式與之前的企業有很大的不同。以滴滴為例，滴滴搭建了一個提供叫車服務的出行平台，把司機和乘客連接到一起。但是滴滴並不擁有一輛車，也沒有僱用一個司機，它承擔的角色是我與程明霞等在《平台時代》一書中總結的互聯網平台三角色——連接、匹配、治理。

互聯網平台將經濟的主流組織形態再次向交易成本更低的方向推進：在互聯網技術與產品的支持下，讓司機作為自我僱用者接入平台為用戶服務，而不是作為公司僱員，這樣做可以讓交易成本進一步降低。實際上，讓司機等成為公司僱員根本不是選項，沒有哪家公司能夠僱用上百萬的司機、幾百萬的外賣騎手。類似地，對於互聯網內容平台來說，多數用業餘時間工作的內容創作者如微信公眾號作者、B 站視頻 UP 主、抖音網紅更不可能成為平台僱員。我們現在處在一個互聯網平台的時代。

那麼，如果組織要進一步向更低交易成本的方向演進，它會變成甚麼樣呢？幾年前，人們開始認識到，用經濟利益紐帶聯繫起來的社區（也可稱經濟社羣）可能是新路，它能夠進一步降低眾人協同的成本，如圖 8-1 所示。但當時，人們尚在消化從企業向平台的轉變，人們大受震撼之後慢慢接納這一現狀：互聯網平台用技術工具支持買賣雙方的連接與匹配，並獲取巨額的利潤。人們無暇仔細關注新的從平台向社區轉變的可能性，當時也沒有多少有說服力的案例，人們也有很多的疑問。

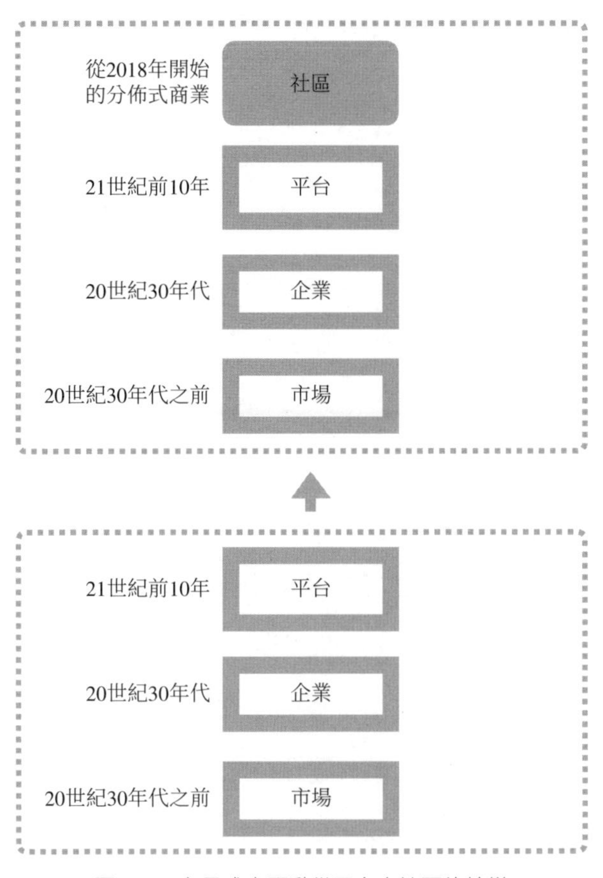

圖 8-1　交易成本驅動從平台向社區的轉變

向社區轉變的三個疑問與解答

我將人們的疑問轉換到支持社區的一方來發問，並用案例來進行討論。

第一個問題，眾人必須是一家公司的僱員才能協同起來創造優秀的產品嗎？不，社區也可以。

根據 W3Techs 的統計數據，截至 2021 年年底，互聯網上 Linux 操作系統服務器使用佔比為 38.9%，而微軟的 Windows 服務器使用佔比為 21.9%，微軟在過去十年的比例在持續下降[1]。微軟仍然是最大的科技巨頭之一，而 Linux 是一個開源軟件，由社區成員志願開發與維護。世界上並不存在一家 Linux 公司，參與開發的程式員不是它的僱員，他們的角色是社區的貢獻者。

如果你是一個程式員，你可能在日常工作中已經了解，互聯網的基礎軟件絕大部分都是由社區維護的開源軟件。我們日常用的很多軟件也是由社區維護的。你手機的 Android 操作系統是谷歌基於 Linux 內核開發，然後開源給手機公司使用的。有時，關係會很複雜，微軟的網頁瀏覽器 Edge 是基於開源軟件 Chromium 內核開發的，而這個開源軟件是由谷歌貢獻給社區並由社區共同維護，同時谷歌的 Chrome 瀏覽器也是基於這個開源代碼的。

開源軟件領域的事實現在至少告訴我們，對於互聯網上的軟件而言，由社區開發的軟件在產品質量、用戶量、長期發展前景等方面絕不遜色於大型科技公司的產品表現。多數時候，實際使用這些產品進一步開發自己的應用的工程師們會認為，開源軟件更開放，可以做更多進一步開發，他們認為開源軟件質量更好。

---

① https://w3techs.com/technologies/comparison/os-linux,os-windows.

第二個問題，能有辦法讓平台的參與者獲得平台公司的股權權益，從而享受平台的長期成長收益嗎？一些採取獨特機制的社區可以。

設想一下，美團外賣的騎手能否也獲得一點點公司的股權或期權，使得他們能在美團公司市值快速上漲的過程中也分一杯羹嗎？現在，互聯網公司的員工期權已經能發放到每個員工，讓員工能夠跟公司一起共享價值、共擔風險。但是，將期權擴展到平台參與者中的其他角色，比如外賣騎手、滴滴司機，還有很大的觀念障礙與法律障礙。

正如我們在討論 DeFi 時看到的，Compound 借貸協議將自己的治理通證分發給了自身平台的存款人、貸款人，這些用戶一起共享價值與共擔風險。當然我們尤其要注意，用戶不只是共享價值，也共擔風險。如果 Compound 被其他新產品超越或自身出現問題（如被黑客攻擊），治理通證的持有者會承擔損失。

再設想一下，亞馬遜雲（AWS）能否也變成像滴滴一樣的連接供給方與需求方的平台，也即，它不是自己購買與部署大量的服務器以滿足雲服務客戶的計算需求，而是由眾多的參與者共同提供服務器、運維計算網絡？

以太坊區塊鏈網絡就是以這樣的方式運行的，任何人都可以將符合要求的計算機接入網絡，貢獻計算能力，獲得代表以太坊網絡權益的以太幣（ETH）作為回報。以太坊區塊鏈網絡的組成形式是一個參與者因經濟利益的吸引而加入組成的社區，設備屬於每個參與者自己。我們在前面比較過，以太坊網絡的市值是亞馬遜總市值的 1/3，可認為以太坊市值約與 AWS 相當。與 AWS 是一家僱員人數與自有設備規模都很龐大的大型公司不同，以太坊是由非營利性質的以太坊基金會和一羣志願的開源軟件開發者開發的。

第三個問題，如果人們不在一個辦公室屋檐下每天碰面，能否高效地協同？能。

以前，一些矽谷公司有在家遠程工作（work from home）的安排，比方說員工每週可以有一天在家工作。我們很多人也羨慕 37signals 這家小而美的軟件工具公司的做法，創始人賈森・弗里德在備受好評的《重來》系列書中告訴我們，他公司的幾十個員工分散在全球各地，在各自的客廳或咖啡館辦公。但我們又傾向於認為，這是特例。要高效協同幹大事，我們還是要每日齊聚在燈火通明的辦公室裏。

2020 年開始的新冠肺炎疫情徹底改變了這種看法。矽谷的大型科技公司全員都回家遠程辦公，效率並沒有降低。2021 年 6 月，谷歌 CEO 桑達爾・皮查伊發送全員郵件宣佈，接下來，谷歌辦公室辦公和遠程辦公並行，員工可以申請永久遠程辦公。據兩個月後的報導，谷歌的 13.5 萬員工中有 1 萬人提出申請，8 000 多人已開始永久遠程辦公。在中國內地，情形是類似的，我們已經習慣了在騰訊會議軟件中開電話會議，而不再認為開會就意味着坐在同一間會議室。

而對某些公司來說，分佈式辦公可能是非常徹底的。比如，據 LatePost 報導，Binance 的 CEO、加拿大華人趙長鵬現在絕大多數時間待在新加坡一個不到 10 平方米的小房間裏，以在線會議的形式連接分佈在全球 60 多個國家與地區、多數在家遠程辦公的近 3 000 名員工。從人數上講，Binance 不算是一家小公司，從市值上講更不是，它的市值在 2021 年 11 月為 1 088 億美元。要注意的是，我們雖然用了公司這個詞來說 Binance，但在法律意義上很難說它是一個跨國集團，而更像一個圍繞一些業務組合起來的社區。原來，辦公大樓並不是「公司」必需的。

2016 年，我們沿着科斯的交易成本理論推導出「從市場，到企業，到平台，到社區」，但那只是一個對未來的設想。現在，我第一次感到向社區轉變的趨勢真實地撲面而來。

但是，還是有很多問題待解決，而其中最重要的一個是，社區是如何組織在一起的？DAO 可能給出了解答。

用 DAO 的形式實現社區：關鍵是內部資本

說公司時，我們每個人都明確它的法律含義，如股東的有限責任與權益，也知道如果自己是僱員時與它的關係，我們也習慣於公司裏的管理層級、命令與控制——「我匯報給誰？」

說社區時，我們看到的東西非常模糊。但現在，DAO 讓原本模糊的東西逐漸變得清晰。DAO 比社區的範圍要窄一些，它的定義、邊界仍在快速變化，但我們已經可以斷言，下一代組織是在 DAO 之上迭代形成的。

DAO 不是一個新概念，只是近年來獲得這個新的名字。我們討論的維基百科可以算是 DAO，但又缺少一個核心的要素。我們來往下看 DAO 是甚麼。

維基百科在兩個主要方面都與公司不同，我們這裏僅討論參與內容編輯的人與核心團隊，而暫不考慮普通讀者。

第一個不同是，一羣人以某種結構組織在一起，完成一個目標。內、中、外三圈人共同維護一本互聯網上的百科全書。在內核處，維基基金會引領着它的長期目標；在中間，核心團隊進行技術開發與規則維護；在外圈，編輯參與詞條的編寫。組織的運轉方式不是「自上而下」的命令與控制，而是按照規則進行的共同決策。維基百科的運轉不是靠命令關係的協同，而是靠共同形成並迭代的規則。

第二個不同是，組織的權益不屬於創始人與股東，而是屬於所有參與者。當然，正如之前討論的，維基百科沒有正面應對這個問題，而是將自身完全貢獻給了公共領域。它屬於所有人，自然也包括社區成員。

公司應該屬於誰，這是一個問題。在多數人看來，股東價值思潮——即公司屬於股東是毋庸置疑的。而我在人類學家何柔宛的《清算：華爾街的日常生活》中讀到一章清晰的歷史演變梳理與雄辯的討論，她告訴我們，「（現代企業屬於股東這一敘事）混淆了歷史事實，冒充着美國企業的正史，從而拒斥企業歷史的複雜性和公司形成的多元成份」。所有權不一定只能屬於股束，這個觀念解放很重要，有了這個認知後才有下面的討論。

值得插入說一下的是，很多人常有一個誤解，認為 DAO 不需要企業家精神與領導力，它的名字裏面帶着「去中心化」的字樣。其實並非如此。維基百科創始人吉米・威爾士和後來歷任的基金會領導者都在其發展中發揮了巨大的作用，他們體現了從無到有構建偉大事物的企業家精神、創新精神，也展現了引領眾人達成目標的非凡領導力。在 Linux 操作系統的開發中，林納斯扮演了同樣的角色。在以太坊的開發中，創始人維塔利克也是同樣的角色。

從公司組織向社區組織的轉變，維基百科的做法是：一方面，它採取了技術支撐下大規模協同機制，另一方面，它規避了所有權屬於誰的問題。之前我們討論的開源軟件也採取了類似的做法，Linux 由社區開發，同時它是開源的、屬於所有人的。

這就帶來一個關鍵問題，由於避開所有權，社區型組織永遠無法成為經濟社會中的主要形式。產權或所有權是比經濟學還要古老與牢固的人類社會基本原理。維基百科與 Linux 有它們的獨特性，它們是對整個世界影響巨大的事物，聲稱它們屬於所有人不會減弱人們為之貢獻的動力，人都有參與偉大事業的衝動。但是，在一個經濟社會中，避開所有權的問題並不總是好的選擇。

在走向社區化的路上，所有權是一個要解決的問題，我們渴望好的解答。

DAO 提供了一個好的解答，並且這個解答迄今為止在區塊鏈業界已經進行了眾多的嘗試，證明它一定程度上的有效性。2014 年 5 月，維塔利克撰寫了一篇文章〈DAO、DAC、DA 及其他：一個不完整的術語指南〉，在這篇開創性的分析中，他清晰地界定了 DAO（去中心化自治組織）。文章標題中，DAC 是去中心化自治公司（decentralized autonomous corporations）的縮寫，DA 是去中心化應用（decentralized applications）的縮寫，也可按現在的方式縮寫為 DApp。

按我的理解，他的核心貢獻是區分了組織（DAO）與應用（DA），如圖 8-2 所示。他讓我們看到，首要重點不是組織方式，而是所有權。維基百科是一個去中心化應用，而當時湧現的區塊鏈應用包括後來興起的以太坊是去中心化自治組織，兩者的差別是所有權。

社區的參與者如何擁有所有權呢？維塔利克和眾人在區塊鏈領域中進行的實踐都是，引入內部資本（internal capital），無則是去中心化應用，有則是去中心化組織。社區參與者通過持有內部資本掌握一定的所有權，憑藉內部資本去參與投票影響重大決策。讓一個社區擁有內部資本的方式，用現在區塊鏈領域內的通行做法，就是給他們治理通證。

當一個社區有了內部資本後，我們作為社區參與者與之打交道的方式會發生一些有趣的變化。之前，我們為之做貢獻，可能是出於利他的理想主義，我們也可能想在社區的管理金字塔上爬升，想擁有更多的影響力。有了所謂的內部資本後，我

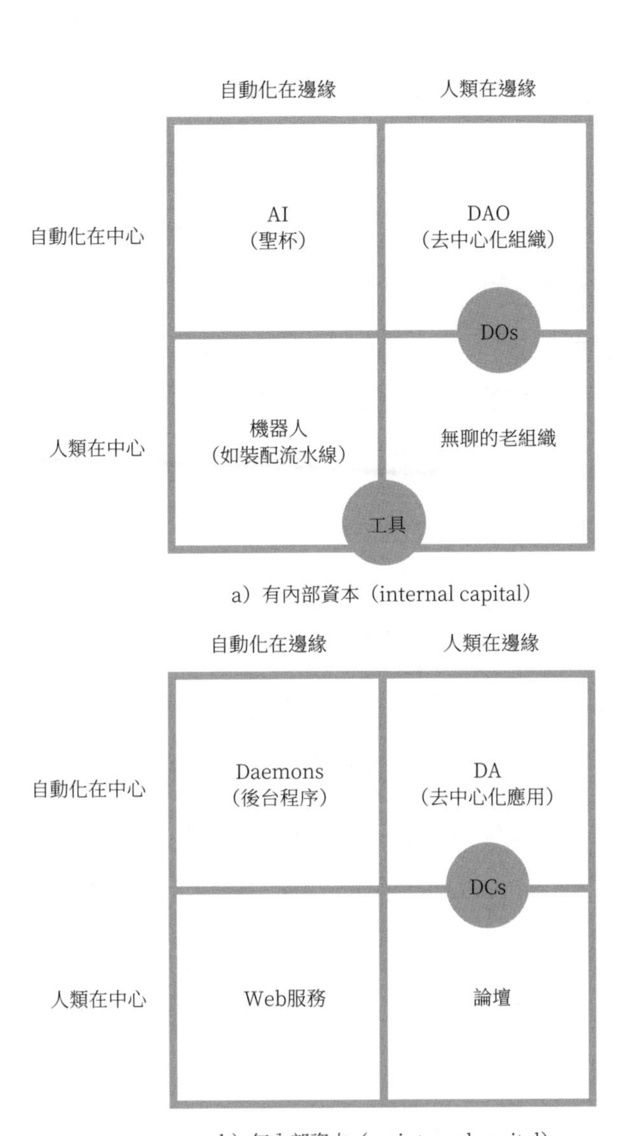

圖 8-2　DAO 是有內部資本的、按規則運行的組織

們每一次的貢獻都被量化，獲得一朵小紅花或獲得社區權益總量的一億分之一。同時，我們不僅可以屬於一個社區，也可以在多個社區裏做貢獻，分別獲得這些社區的內部資本。

區塊鏈賬本與智能合約讓 DAO 從技術上可以實現。一方面，區塊鏈賬本可以用來記錄與管理所有權，社區參與者可以通過持有通證從而獲得所有權。另一方面，項目治理的規則可以編碼為智能合約，實現按規則的或更嚴謹的「代碼即規則」（code is law）的執行。

有了這樣的認識後，我們再回看去中心化金融領域中的項目，就會看到一些早已經存在的事實。以 Compound 借貸協議為例。

首先，它是一個自稱「協議」的去中心化自治組織，社區成員通過持有 COMP 治理通證而擁有它。社區成員對它的權利與義務很像股東對有限責任公司的權利與義務，也即不必承擔自己投入之外的義務。美國懷俄明州最近通過了一項法律，授予在區塊鏈上運營的 DAO 合法的有限責任公司地位。

其次，Compound 為用戶提供了去中心化應用（DApp），用戶可以通過 app.compound.finance 訪問使用，也可以通過編程接口與區塊鏈上的智能合約進行直接交互。也即，現在的每個去中心化金融應用實際上都是「應用 + 組織」。它的表面形態是這樣，背後運作機制也是如此。應用是由組織管理的，社區參與者可以共同決策。

到這裏，我們了解了 DAO 的一些關鍵概念，並了解到，其中最關鍵的是所有權：

- 人們創造 DAO 是為了讓社區參與者共同擁有，每個社

區參與者擁有整體的一部分所有權。

- DAO 與公司的區別在於所有權和管理治理方式兩個方面。所有權更為基本，它決定着管理治理方式。
- DAO 與之前我們看到的社區的區別是，它通過內部資本讓參與者能持有所有權。具體到區塊鏈行業，是用項目治理通證來落實內部資本。
- DAO 的所有權以及與所有權相連的財務收益、治理權力，可以用區塊鏈賬本與智能合約來實現。DAO 是運行在智能合約上的組織。

接下來，我們在此認識的基礎上去探討各種支撐 DAO 的技術平台、DAO 實踐案例以及 DAO 的運行邏輯。之前，我和很多人都過於糾結於 DAO 這個名詞的「去中心自治」部分，而重點去關注管理、協同與治理方式，卻沒有注意到所有權才是去中心自治的基石。自組織的關鍵，是所有權。我們本不該走這樣的彎路，因為我們都早已知道，產權是市場經濟的基石。

我們曾經繪製了一張圖來闡述在元宇宙的界面（增強現實、虛擬現實、遊戲、社交等）之下，區塊鏈技術基礎設施所提供的支撐性功能，如圖 8-3 所示。區塊鏈技術可用於建立開放交易市場（如《阿蟹遊戲》的道具交易市場），再接着往裏看，我們看到的是所有權機制、基於內部資本的經濟互動、基於內部資本及協同社區共治。這整個系統是面向創造者的，我們作為創造者在其中工作與生活，並因創造與貢獻而獲得相應的回報。

圖 8-3　元宇宙界面之下的區塊鏈技術與 DAO

我們還可以換一個角度看區塊鏈和元宇宙的連接。這是三個越來越常見的詞——通證（Token）、NFT 、DAO 。可互換的資產如資金、股票，用遵循 ERC20 標準的通證表示，通常人們直接稱之為通證。不可互換的財產與物品則用遵循 ERC721 標準或 ERC1155 標準的通證表示，通常人們稱之為 NFT 。人類的組織與協同，則演變成為基於智能合約的 DAO 。

DAO 的發展簡史與主要類別

歷史上，DAO 的發展並不是一帆風順的，甚至在一開始它幾乎被意外事件擊垮。

2016 年 4 月 30 日，第一個知名的 DAO 推出，名字就叫 The DAO，它類似於常見的風險投資基金，集聚資金對外投資。它在以太坊區塊鏈上進行的眾籌大獲成功，以當時價格計，募集的資金高達 1.5 億美元，是當時最大的眾籌。但 6 月 9 日意外發生了，它的智能合約有漏洞，約 1/3 的資金被黑客盜取。在解決這個黑客事件、從黑客手中奪回資金的過程中發生了巨大的爭議，甚至導致以太坊區塊鏈網絡分裂為兩條鏈、兩個社區。

在相當長的時間裏，這一意外使得區塊鏈業界的人對 DAO 這種依託於智能合約的組織形式心存疑慮，尤其是資產管理型的 DAO 很久之後才再次出現。

但是，關於 DAO 的嘗試不會停止。早期的每個區塊鏈技術項目都可以看成一個開源軟件生態，同時，這些開源軟件生態內部又有像比特幣、以太幣這樣的所謂內部資本。它們接着在開源軟件的組織模式上往前演進，用內部資本來讓社區協作更加有效。軟件開發者為以太坊系統軟件做出貢獻，可以從基金會獲得內部資本獎勵。以太坊的計算節點參與網絡運行，以工作量證明的機制獲得內部資本獎勵。這些內部資本可看成是生態的所有權憑證。當參與者獲得了這些所有權憑證之後，所有人自然地想進行下一步的探索：如何設計機制讓參與者能參與項目的管理與治理？眾多參與者有了所有權，才自然地討論起去中心化治理的問題，而不是相反，有人為了去中心化治理而去分配所有權。

在區塊鏈業界，DAO 的概念在逐漸明確。我嘗試着總結如下：

> DAO 是由去中心化的區塊鏈上的智能合約代碼協調運轉的組織（虛擬實體），它存在的目的是運行一款產品（通常為一個區塊鏈協議），它擁有一組特定的成員或股東（通證持有者），多數成員按規則決策以修改產品參數與代碼、處置實體的資金等（參與式自治）。

更簡單地說，DAO 是基於智能合約的組織。

決策規則可以是一股一票、一人一票等各種形式。通常，這些 DAO 的技術產品代碼是開源的。參與者以 DAO 的形式聚集在一起，他們的終極目的與人們組建公司是相似的：創造價值，通常是通過創新產品創造巨大的價值。

MakerDao 通常被視為早期 DAO 的典範。2017 年 12 月，它以 DAO 的形式推出了抵押 ETH 生成 DAI 美元穩定幣產品。包括知名風險投資機構 A16Z 在內的社區參與者通過持有名為 MKR 的治理通證，而享有這個社區的所有權與治理權。創始人與團隊仍對它的發展有巨大的影響力，但 MakerDao 的一些主要決策已經通過它的投票網站（vote.makerdao.com）來完成。

2020 年，多數的 DeFi 項目都將自己界定為 DAO，並通常採納如下的做法：所有參與者通過持有通證共同擁有項目；項目的重大決策由鏈上投票做出並執行；參與者因為貢獻如為金融產品提供流動性而獲得通證獎勵。這就形成了第一類主要的 DAO —— 協議 DAO，Uniswap、Compound、Yearn、Sushi 等主要 DeFi 項目都是這一類型。

進入人們視野的第二類主要的 DAO 則是為 DAO 的運行提供技術平台的組織。這是以程式員和軟件為主體的領域的特點，很多產品是先服務於這個領域內的需求，由內需驅動，同時領域內會願意試用各種看似粗糙的產品。2016 年 12 月，Aragon 就被創建出來，它是一個建立 DAO 的平台。現在，它的產品為想要創建 DAO 的組織提供了三個必備功能：投票執行（aragon govern）、提案管理（aragon voice）、爭議解決（aragon court）。

Boardroom（意為董事會）是另一個相似的產品，它自稱是「所有權經濟」（ownership economy）的首頁。它除了提供提案、投票等功能外，還直接提供了讓參與者以區塊鏈的多簽機制控制項目資金的機制。DAO 的重要任務是管理自身資金，Boardroom 與多簽資金管理工具 Gnosis Safe 集成，直接將參與者的決策與資金動用關聯起來。

Snapshot（意為快照）的功能則較為單一，它重點完成 DAO 所需的一項關鍵功能 —— 提案與投票。它非常受歡迎，包括借貸協議 Aave、以太坊域名服務（ENS）、交易平台 Uniswap 與 Sushi、捐助平台 Gitcoin 都在使用它進行投票，如圖 8-4 所示。

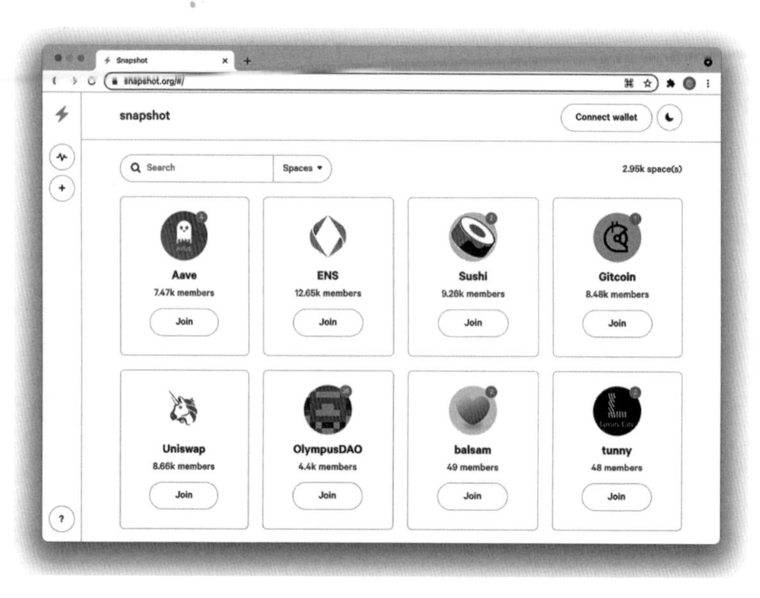

圖 8-4　DAO 投票服務 Snapshot 界面

Moloch 是新出現、較有創新的 DAO 技術平台，它適用於中小規模團體的財務型合作。Moloch 為使用它的組織設計了三個核心規則：公會銀行（guild bank）—— 加入者需捐獻一筆資金，資金進入所有成員共有的公會銀行，而加入者獲得對應比例的公會股權。召喚（summon）—— 新會員的加入需要老會員提案並投票通過，進行決策的老會員將基於其股權是否應該被稀釋、社區是否需要新資金、新加入者可貢獻的資源等做出判斷。怒退（ragequit）—— 對於希望退出或不喜歡某項提案而未進行投票的成員，他們可選擇所謂的怒退，取回自己對應的資金。

這些 DAO 技術平台與前述去中心化金融 DAO 項目是相互促進的。項目需要催生了 DAO 技術平台，技術平台的易用性則推動更多項目採用 DAO 這種組織形式。

在 2021 年夏天，大量創新地使用 DAO 的新形式開始出現，人們將媒體機構、風險投資基金、遊戲公會、社交網絡、藝術收藏投資變成由社區擁有的組織形式。The Generalist 的創始人馬里奧・加布里埃爾收集整理了一些分類，除了協議 DAO 之外還有：

- 投資 DAO
- 藝術收藏 DAO
- 社交 DAO
- 媒體 DAO
- 創作者 DAO
- 遊戲公會 DAO
- 人才服務 DAO
- 項目獎勵 DAO

我們看到，人們在嘗試用 DAO 的形式來組織各種各樣的活動。目前，投資類型的 DAO 如投資、藝術收藏運行得不錯，因為目前的技術手段可以很好地支持它們所需的集聚資金、共同決策、分配收益的動作。特別地，這些 DAO 的參與者資格並不是僅僅投入資金就可以獲得，以投資型的 DAO 項目 MetaCartel 為例，成員必須參與管理、盡責調查、提案、投票才能保留成員資格。

區塊鏈技術項目都有自己的論壇，現在則通常利用社區聊

天工具 Discord 構建社區。它們也經常使用開源代碼平台 Github 來進行技術提案，如以太坊的技術改進提案是在 Github 上運行的，上面有大量的技術討論。很多人也常把這些視為 DAO 的一部分，而我採取狹義的界定，僅將與所有權、管理治理有關的看成 DAO 的關鍵要素。但不可否認，從參與者的視角看，參與社區的討論是讓我們感到自己擁有所有權、是其中一分子的重要手段，有時候它給我們帶來的心理感覺甚至超過真正行使所有權的提案與投票。現在，區塊鏈業界對於 DAO 一個有意思的實踐是，它認同參與討論的價值，也通常根據活躍度獎勵一定百分比的治理通證給這一類貢獻者。

來自過去的啟示：混序的維薩

我想，你已經很了解我的思路：沒有甚麼創新是突然之間出現的。新的創新往往經歷漫長的實踐探索，解決一個個障礙，直到最終形態出現、在一個階段成為主流。除了實踐之外，一路上還常有極具洞察者總結出精彩的理論、觀點，指引着我們。DAO 也是如此。

DAO 或社區型組織的出現，是因為在有些情況下，除非採取平等的社區方式否則根本無法達成目標。設想一下，美國最大的一些銀行因為時代的要求，要讓它們的信用卡能夠相互接受，以建立一個遍佈全國的網絡。把它們聯繫起來的好方式不是合資成立一家公司，而是組建一個社區。其中一個社區就是現在每個人都熟悉的維薩（Visa）。後來，為了上市，它在股權結構上改組成了常規的公司，但在最初和相當長的時間裏它是一個社區。現在，它的經營實質也還是一個社區。以傳統的商業觀點看，維薩是一家強大的公司，它的「客戶」數量在 2004 年是全球人口的 1/6。它的所有權不屬於股東，而屬於「成員」── 也就是加入其中的金融機構。它維持着較小的組織結構，內部更像我們已經討論過的以太坊，而不是像蜆殼石油、通用電氣、IBM 這樣的企業巨頭。

如果你看過 2014 年諾貝爾經濟學獎得主讓・梯若爾的論文集，你會發現，作為平台經濟的主要研究者（當然他較關注其中的反壟斷規制問題），他關注的主要領域之一正是信用卡組織。在開源軟件、標準制定、信用卡這些領域裏，起作用的組織形式不是公司，而是社區型組織。

維薩信用卡組織的創始人迪伊・霍克寫過一本自傳體回憶錄，非常詳盡地展示了他在連接各方組成這個社區型組織的過程中的思考。他的書名就展現了有意思的觀點，英文標題是 One from Many，意為「從眾多中生成的一個」，中文標題《混序》是從英文副標題中引出的詞 "Chaordic"，指的是由混沌和秩序的雙重元素組合起來的系統或組織。

這一次我為寫本書再次閱讀《混序》，試圖重溫霍克以前給我的大腦衝擊時，發現一些與過去不一樣的啟示。

關於社區或社羣（community 的不同說法），霍克是理想主義者。我曾經被他的如下觀點所吸引，他鼓吹理想化社羣，反對將價值貨幣化、用經濟學調節的「貨幣社會」：

> 缺少這三者中的任何一個——非物質性價值、價值的非貨幣性交換和親密性——就不會有真正社羣的存在，過去不會，將來也不會。如果我們想設計一種有效的系統來有條不紊地摧毀社羣，那麼我們現在所做的努

力是再好不過的了：將所有價值貨幣化，將生命化為可測量的數字。金錢、市場和測量都有它們各自的位置，它們確實是重要的工具。我們應尊重並使用它們，但無須像它們的鼓吹者所要求的那樣神化它們，它們並不值得我們頂禮膜拜。只有愚人才崇拜他們的工具。

這個理念讓他能夠連接眾多的美國金融機構，創建維薩這樣的組織。他這段話在後半段的反對聲音，亦提示我們不應盲目樂觀，也應注意反思區塊鏈業界的很多做法可能有「將所有價值貨幣化」的過度傾向。

但我又看到，在行動上和結果上，他採取的是混合路徑：混合了理想的社羣理念與經濟價值。將兩者巧妙地配比混合起來，他創造了維薩這樣給人們生活帶來改變、同時有着商業價值的組織。過去，我更試圖看到他理想化的理念，現在，我更關注他把兩者巧妙地混合起來進行創造的實力。

霍克創建維薩的起點，是參與美國銀行（Bank of America）首次發行信用卡的工作，他是參與發行的一家西雅圖的銀行副總裁。美國銀行和各地授權銀行關係緊張之時，他們開始試圖組織自治的委員會來解決問題：美國的七個區域（後來改為八個）設立由授權銀行組成的區域委員會。五個全國性委員會由區域委員會組成，「每個人都有發言權，但沒有主導權」。

接着還是混亂。但逐漸地，霍克抓到了問題的本質，再回歸公司組織是不可行的，必須沿着社區的路接着向前：「任何一家銀行都不能創造世界上第一流的價值交換系統。大型股份公司做不到，國家也做不到。沒有任何已知的組織能夠做得到。怎樣將它們聯合起來進行嘗試呢？……（因此，）僅僅重新思考商業的本質是不夠的，我們還必須重新思考組織自身的真正性質。」

他思考了一系列原則，而前兩條在我看來也是最重要的兩條——分別關於「所有權」和「自組織」：

- 假如所有權以永久成員權的形式存在，不是像股票那樣可以轉讓或買賣，而僅以全體成員的使用和認可來取得，將會如何呢？
- 假如它是自組織的，所有成員都有權在任何時間、以任何理由、在任何範圍內，以其在更大範圍內可參與管理的永久權力進行自組織，將會如何呢？

他們說服了參加信用卡網絡的授權銀行接受這些原則，最後，他們去尋求整個網絡中的牽頭人——美國銀行的認可，他們希望美國銀行跟所有的授權銀行是平等的。好消息是，美國銀行同意了，壞消息是，它對於股權、治理權的要求超出了設想。美國銀行總部說：「銀行同意執行委員會聲明的目標，即為了響應授權銀行的集體需求與願望成立一個全國性協會，但是……」幸運的是，後來各方最終達成共識，這主要是因為美國銀行做出了支持性的舉動。於是，當時一個名為美國銀行卡全國聯盟（National Bank American Incorporation）的機構形成了。之後，成員們簽約平等加入，它得以正式成立。加入的成員的要求是，組織這個社區的霍克在接下來至少擔任這個機構總裁三年（實際上他做了十多年），以維持組織的平穩。

霍克接下來的任務是，說服 3 000 家銀行或銀行的子機構放棄原來的授權協議，加入這個新成立的聯盟組織。我們不必再具體講述後面的故事，這個現在被稱為維薩的組織成功了。正如我們說的，它顯然不是一家典型的公司。那麼，它是甚麼呢？霍克在自傳中的描述也不是很容易理解，但應該能夠呈現這一類組織的獨特狀態：

- 維薩是一個半官方、半營利、半非營利、半諮詢、半授權、半教育、半社會、半商業和半政治的聯盟。它不是上述任何一類，卻同時具有所有的這些特徵。
- 在嚴格的法律意義上，維薩是一個非股份制、營利性的會員制私有公司。換個方式講，它是個由內而外的控股公司，因為它完全由其各個運作部分掌控。創造維薩的金融機構同時兼具所有者、會員、客户、下屬與上司的身份。

- 維薩的核心是一個高效能的組織，它的存在純粹是為了幫助所有者、會員以更大的容量、更高的效率以及更少的成本為價值交換提供方法。
- 維薩的所有權是永久、不可轉讓、參與權的形式，因而不能購買、拋售、交換或售賣。但是，每位會員所創造的業務完全屬於他們自己的公司，在其自身股票價格上有所反映，而且可以出售給任何其他會員或符合會員資格的實體，因而這是一個非常廣闊、活躍的市場。

我想，如果你對照來看以太坊區塊鏈網絡，以太坊似乎是完美重複了當年的設計。巧合的是，維薩銀行卡網絡和各種區塊鏈網絡有一個共同點，維薩是一個幫消費者刷卡、幫商戶收單的「價值交換網絡」，而以太坊用區塊鏈技術創造出來的也是價值交換網絡。借用經濟學家愛德華・卡斯特羅諾瓦的話，這些都是全球性的「數字價值轉移系統」(digital value transfer systems, DVTs)的雛形。

組織成立了，有着理想的設計、完美的結構，一切將順利發展下去。現實世界從來都不是這樣發展的。這個新組織開發銀行卡的 IT 軟件系統遭遇挫折，與萬事達卡組織的競爭最終遭到美國司法部的反壟斷調查。幸運的是，隨着全球信用卡業務的發展，這個組織持續地發展壯大。1973 年，在這個組織走向全球的時候，它全球的成員共同同意將國際組織的名字改為維薩國際服務聯盟（Visa International Service Association），美國國內的組織則相應地變成了維薩全美聯盟（Visa USA）。

你注意到一個細節了嗎？它的組織名稱從最早的「公司」（incorporation）變成了「協會」（association）。這個協會當然不是興趣組織，這裏借用霍克自己的一句話來下定義：諸如維薩、因特網以及 Linux 軟件的組織是「由半獨立而平等的個體為了共同的目的而聯合起來的組織」。他還寫道，「在未來的組織中，應有一個明確的目標指向以及一系列健全的原則，在它們的指導下，能迅速達成許多特定的短期目標。」

處在當下這個實體與數字融合、新組織湧現的時代，我們這些人的幸運在於，我們既可以借鑒前人的理念與實踐，又有了 DAO 及其背後的技術工具。

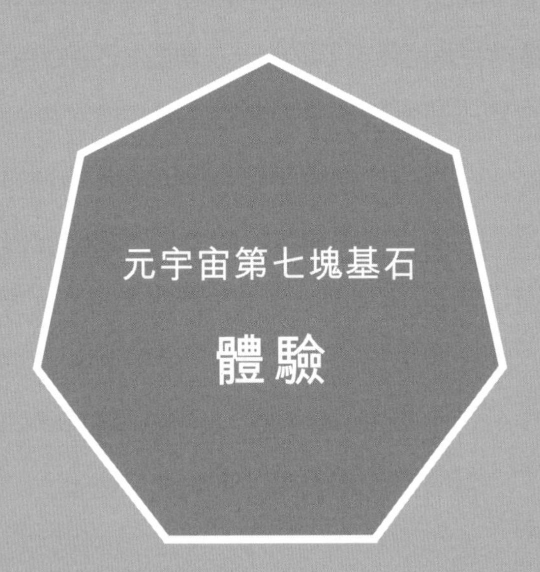
元宇宙第七塊基石
體驗

09

進入
迪士尼樂園的
夢幻之城

華特・迪士尼

迪士尼創始人

感動的源頭，那就是天真。

華特・迪士尼在首座迪士尼樂園開園時的致辭

只要世界上還有想像力存在，迪士尼樂園就永遠不會完工。

在地球上，能夠讓我們走進去的人造夢幻之城並不多，迪士尼樂園（Disneyland）可能是最為知名的一個。走進其中，我們感受到超越現實的快樂。我們沉浸於它營造的夢幻中，建築設計、玩樂設施、電影角色IP、煙花表演、周邊商品與服務等讓我們有活在另一個世界的感覺。當我們想要用數字技術再創造能在其中生活與工作的一個個元宇宙時，迪士尼樂園可以激發出很多靈感。

「華特，你這是把我帶到了甚麼地方？」在一座華特・迪士尼突然去世時尚未建設完成的迪士尼樂園裏，他的哥哥羅伊・迪士尼仰望天空，問了這樣的問題。在迪士尼樂園裏玩樂，我們偶爾也會想問這樣的問題：這個世界上最偉大的創意天才之一華特・迪士尼，你究竟要把我們帶到甚麼樣的世界中去？

迪士尼樂園裏有着一種回答。在加州迪士尼樂園的廣場，一塊牌匾上面寫着：「致所有來到這個快樂家園的你們：歡迎光臨。迪士尼樂園是你們的樂土。在這裏，成年的你們可以追憶兒時的美好時光……年輕的你們可以盡情體驗未來的挑戰和希望。……我們希望迪士尼樂園能成為全世界歡樂和靈感的來源。1955年7月17日。」

迪士尼樂園：昨日和明日的真實世界

我們很容易以現狀去推測迪士尼樂園的起源，它是運用一系列電影角色或所謂 IP[①] 的線下樂園。其實，它有着更樸素但也更基本的設想，讓我們從華特・迪士尼創造樂園的那一刻說起。

華特曾經這樣說過建造迪士尼樂園的原因：每個週末他帶兩個孩子戴安娜和莎倫去一些樂園玩時，他發現孩子們玩得很起勁，而家長們卻感到很無聊。樂園的設施陳舊，環境骯髒，工作人員態度惡劣。因此，他希望創造一個不只是孩子而是所有人都能感到快樂的地方。

1948 年 8 月 31 日華特撰寫的「米老鼠樂園」備忘錄反映了他的設想：「在這裏，父母們和祖父母們可以看着自己的孩子玩耍。我認為這個環境必須是親近人的，並且讓人放鬆。」他設想的景點包括：主村莊、小鎮、消防站與警察局、藥店、劇院與電影院、玩具店、洋娃娃專賣店、寵物店、書店、洋娃娃醫院、餐廳、郵局等。迪士尼樂園的方案就是這個最初構想的擴展版。

在這個夢幻之城中，人們玩的是「過家家」的遊戲。在加州迪士尼樂園開放之後，1958 年 2 月 2 日《紐約時報》的報導說出了這個詞：「娛樂公園一貫給人喧囂又譁眾取寵的印象，

① IP 原指知識產權（intellectual property），現在常被指代品牌、符號、人物形象等。

華特・迪士尼和他的同伴們成功地製造懸念又打消人們的顧慮……遊客們也迫不及待地投入到那個最古老的遊戲之中：大家一起過家家。」

華特・迪士尼知道我們想要真實的世界，但他更知道，我們想要的不是今天的真實世界，而是過去和未來的真實世界。是的，你是在讀一本探討實體與數字融合的世界即元宇宙的書。之所以討論迪士尼樂園的案例正是因為，我希望我們展望的元宇宙也像是真實的世界，同時又兼具過去懷舊與未來夢幻。

最先建造完成的加州迪士尼樂園的大街，是以華特記憶中小時候的中西部小鎮為藍本打造的。在迪士尼樂園的最初設計中，根據傳記《沃爾特・迪斯尼[①]：一個獨創式美國天才》，他對樂園中的其他世界做了如下描繪：

> 真實世界探險園是一片巨大的植物園，裏面有各個國家的魚類和鳥類，遊客可以乘坐多彩的探險者遊船，在當地導遊的帶領下，沿着羅曼河順流而下。
>
> 夢幻世界坐落於一座巨大的中世紀城堡中，裏面有亞瑟王的比武大會，有白雪公主騎馬而過，有夢幻中的愛麗絲走過，有小飛俠飛過。
>
> 未來世界有可以移動的人行道，有工業展覽、潛水鐘、單軌鐵路、可供孩子們駕車的高速公路、出售科技玩具的商店和飛向月球的火箭。

---

① 本書中翻譯為華特・迪士尼，與公司官網一致。

當我們創造一個過去與未來的真實世界時，我們要竭力避免破壞真實感的行為。這是迪士尼樂園的關鍵規範，迪士尼樂園內禁止破壞任何故事場景的行為。迪士尼樂園前創意總監馬蒂・斯克拉曾講過以下故事。他和攝影師把車開進拓荒樂園景區去拍照，他們被牛仔指着胸口質問：「這裏是 1860 年，你開這輛車來幹甚麼？」這幾乎是一個華特・迪士尼故事的翻版，一個員工將車停在西部世界的火車站前，他被華特斥責：「遊客們來這裏的時候，都是看西部風景的，但你的汽車損壞了整個風景，我不希望以後這裏再有任何汽車了。風景比一切都重要。」

從第二座迪士尼樂園開始，華特・迪士尼關於未來城市的一些設想也被用在樂園建設。比如，佔地 4 000 平方米的服務設施被建設成地下走廊，這樣，地面上的樂園裏只呈現出昨日與明日的世界。

EPCOT（未來社區試驗原型，Experimental Prototype Community of Tomorrow）則集中體現了華特・迪士尼對未來城市的設想。未來世界 EPCOT 現在是奧蘭多迪士尼世界的一部分，華特試圖用它來展示未來城市的概念原型，他曾說：「這就是未來城市應該的樣子。」

有意思的是，迪士尼樂園裏有些事物（比如鐵路）被創造出來時代表的是對未來的想像，而現在則成了極度懷舊的象徵。加州迪士尼樂園的邊界由一條老式鐵路圈定。火車是華特・迪士尼永恆的熱愛。每個時代的人的小時候總會有新技術興起，這樣的技術會成為我們一生的愛好，對我們現在很多人來說，個人計算機、互聯網和移動手機似乎扮演着類似的角色。貝弗利山附近的開羅伍德小路，這裏是華特・迪士尼的家，他在家周圍修建了一條「開羅伍德一太平洋鐵路」，軌道長約800米，但鐵路像模像樣，車廂是傳統經典樣式的，在門前還專門挖了隧道。現在，以軌道火車為內核的騎乘設施是迪士尼樂園最吸引人的部分之一，如潛水艇之旅、馬特洪雪橇、巨雷山鐵路、地球號宇宙飛船歷險等。

永不完工的樂園：迪士尼樂園的設計原則

「只要世界上還有想像力存在，迪士尼樂園就永遠不會完工。」

華特・迪士尼在首座樂園即加州迪士尼樂園開園致辭時說。他在接受記者採訪時又對比了電影與樂園的不同：「日復一日，這兒會變得更美，只要我知道人們喜歡甚麼，這兒就會越變越好。而做電影就不行，一旦拍攝完成，還沒等到我發現觀眾喜不喜歡，就已經無法改變了。」

當我在迪士尼樂園的歷史中尋找對未來元宇宙的借鑒時，這句話抓住了我。每一個元宇宙都是永不完工的，它將持續建設、持續生長。同時我們還要注意的是，元宇宙更特別的一點是，像一座充滿活力的城市一樣，活在其中的人也是共同建造者。更詩意的說法或許是詩人卞之琳在《斷章》中所寫的，你也是風景的一部分：你站在橋上看風景，看風景人在樓上看你。明月裝飾了你的窗子，你裝飾了別人的夢。

讓我們接着回到樂園規劃建設者的視角去思考：他們遵循甚麼樣的原則？迪士尼樂園的設計、建造者是迪士尼的幻想工程部門（通常直接簡稱 Imagineering）。幻想工程是 imagination（想像）和 engineering（工程）的組合，華特・迪士尼曾經說：「幻想工程就是富有創意的幻想和專業技術水乳交融的產物。」

這個部門所有的工作人員都被稱為「幻想工程師」，包括藝術家、建築師、工程師、作家、機械師、場景設計師、模型製造者、音效工程師、木匠、會計、電影製作人、負責進度安排的人、負責財務預測的人等。迪士尼幻想工程部門這樣介紹自己：「幻想工程師連接藝術和科學，將幻想變成現實，將夢想變成魔法。」華特和幻想工程師在創造迪士尼樂園這個夢幻世界時，遵循着一系列的設計原則。

設計原則一：
構建完整的世界，注重事物之間的關聯

建造一座樂園，是構建一個完整的世界。因此，最關鍵的原則就是「注重事物之間的關聯」。在《迪士尼的藝術：從米老鼠到魔幻王國》中，迪士尼樂園最早的設計師約翰・亨奇這樣談注重事物之間的關聯：

> 我覺得華特對時間的安排和事物之間相互聯繫的方式高度敏感。所謂電影就是將各種創意聯結到一起，使它們能彼此關聯。電影由很多的創意組合而成，有時候是一些非常複雜的創意，你會希望其他人能夠理解這些創意，並且希望他們通過你引導的方式去理解，避免迷失了方向。實景電影不得不面臨高度的不可預見性，但動畫片則不一樣，因為我們可以逐步剔除那些與我們想表達的內容相衝突的東西。（因此）以我們的實力，投身主題公園是很容易的事。

華特將自己的動畫電影製作經驗用於樂園的設計，注重各個景點之間的連貫性：一個景點到另一個景點應該非常連貫，景點之間的轉換要非常自然平和，建築和色彩要相輔相成，讓遊客記住每個遊玩過的景點。

在實際操作中，華特・迪士尼定下規矩，任何新增景點都必須事先製作三維立體模型，並放到樂園整體的模型中去觀察，之後才可以建設。他不需要任何的藍圖和計劃，他只需要看到新項目的高度和規模，觀察它與迪士尼樂園其餘景點之間的關係是否協調。

這個做法不只是涉及大型景點。實際上，迪士尼樂園中的每一個人造物品都被看成是景點。在迪士尼樂園，垃圾桶也是景點，而不僅僅是實用物品。

設計原則二：講非凡的故事

在自傳《造夢者》中，迪士尼樂園前創意總監馬蒂・斯克拉在討論未來世界 EPCOT 項目時，詳細分享了迪士尼樂園設計的一個重要原則，就是：「創作非凡的故事」。

在關於未來世界的研討會中，與會者總結出這樣的三段論推導：首先，民眾不相信企業界、政府甚至學術界的專家告訴他們的話。其次，民眾相信米老鼠。因此，迪士尼有個重要的職責，那就是用公眾理解和接受的方式，講他們想聽的故事，把他們需要的信息傳遞給他們。

馬蒂・斯克拉因此對幻想工程師的任務給出了自己的定義：創作非凡的故事，用獨特的方式（如果可能的話）展現故事，不必急於把你掌握的展館中某個東西的全部信息都傳遞出來，要有娛樂性，要好玩。

「講非凡的故事」這個原則跟我們的體驗是一致的。當我們去一座城市（如京都）旅遊，我們看到的是文化的故事。當我們全神貫注地讀《雪崩》時，我們是在看俠客的故事。當我們玩一個遊戲時，我們也想要一個好故事。現在，當我們被邀請進入一個個元宇宙時，我們想要聽到好故事，僅有功能和場景卻沒有故事的元宇宙是沒有持久吸引力的。

設計原則三：
善用 Weenie 效應（視覺磁鐵效應）

在迪士尼樂園中，有很多設計會吸引遊客按照既定的路線行走。有人用所謂「視覺磁鐵效應」來形容這樣的設計，像有一個磁鐵吸引着人們在樂園中穿行。比如，睡美人城堡是最大的磁鐵，所有的道路在這裏匯聚，形成一個圓環。

華特・迪士尼自己稱這種視覺磁鐵效應為“Weenie”（一種法蘭克福香腸）。在設計迪士尼樂園時，他有時回家很晚，會去廚房找點吃的。他常從冰箱裏拿出“Weenie”吃，邊走邊分點給小狗吃，華特注意到，只要拿着香腸，小狗就會跟着他去任何地方。

因此，在迪士尼樂園幻想工程師的語言裏，“Weenie”這個詞就代表「吸引」。城堡就像是香腸，吸引人們走到路的盡頭。

在 Decentraland 這個努力逼真地模仿現實城市的虛擬世界中走動，我有時候就會迷惑，不知道可以走向何方，它缺少在前方的「香腸」。因此，雖然它是一座三維立體的城市，但只有在專門帶人參觀時我才會努力地在不同景點間走路，更多的時候，我喜歡用它的「瞬移」（teleport）功能，從一個坐標的景點瞬間移動到另一個坐標的景點。對比而言，在很多遊戲中，前方的吸引做得好得多。我們願意在遊戲中走動，我們被吸引着在遊戲中走着去冒險、去戰鬥。

設計原則四：創造 E-ticket 景點，即扣人心弦的最高享受

在迪士尼樂園中，E-ticket（E 票券）被用來形容超級刺激的體驗。加州迪士尼樂園開園時，迪士尼銷售的是包括 A、B、C 三種類別票券的票券冊，代表不同的景點與權益。A 票券是普通的，可搭乘一些小型的遊樂設施，例如小鎮大街上的汽車等。C 票券則能用在大多數的熱門設施上，例如彼得・潘夢幻島等。後來，更多更刺激的遊樂設施被加入迪士尼樂園，它推出了 D 票券和 E 票券。1982 年後，迪士尼樂園不再按設施收費，改成一張門票可玩遍所有遊樂設施，但 E-ticket 的說法還是流傳了下來。

迪士尼前 CEO、執掌迪士尼 20 多年之久的邁克爾・艾斯納在自傳《高感性事業》中特別強調了 E-ticket，他寫道：「在我看來，E-ticket 是迪士尼風格的同義詞，也就是指扣人心弦、寓教於樂、最高的水準帶來最高的享受。」在艾斯納執掌迪士尼時期，他批准了大筆預算建設 E-ticket 景點，如美人魚山的預算便高達 8 000 萬美元。

設計原則五：建立獨特的語言體系——歷險、體驗、景點、傳說

馬蒂・斯克拉在自傳中強調要創造屬於迪士尼的全新語言體驗，他說自己在迪士尼幻想工程部門期間創造了包括「歷

險」、「體驗」、「景點」、「傳說」等描述遊客在迪士尼樂園中感受的全新語言。

上海交通大學媒體與設計學院魏武揮老師在討論社羣時曾經說了一個很網絡化的詞——「黑話」。一個緊密的社羣的形成，需要有僅有深度參與的成員才懂的「黑話」。約定俗成的「黑話」往往是帶有情感的，B 站被用戶愛稱「小破站」，視頻製作者自稱「UP 主」。「黑話」能自然地劃定範圍，如果一個在微博或微信發視頻的人自稱「UP 主」，幾乎所有人都會覺得有點奇怪。

現在，在一個個元宇宙中，我們已經看到很多的「黑話」。舉一個例子，在 NFT 社區中我們經常看到無數的 "GM"，它是 "good morning"（早上好）的縮寫，但大家不是在用這些 GM 說早上好，而是用它「灌水」，沒話找話說。其實，「灌水」也是一個網絡黑話，只是現在已經變得較為常見。再說一個，在網絡社區、聊天室或元宇宙中，人們會寫 "IRL"，它是 "in real life"（在真實的世界中）的縮寫，當自身處在數字世界中，想說外面的現實世界時你就會用上它，如「明天 5 點見，IRL」。

創造匹配的語言體系和命名，是設計一個新世界的重要環節。我們可以去看看迪士尼樂園的命名，感受它們和電影人物一起創造出的場景。早年，遊客們在售票處問的問題是這樣的：「我想去馬克・吐溫號遊船……」斯克拉嚴厲批評 2008 年後把迪士尼樂園裏的各種遊樂設施都稱為騎乘設施（Ride）的做法，他寫信給公司負責人抗議：「要施展迪士尼魔法，描述的字眼應該有助於加強這種迷人的體驗。」

迪士尼樂園的夢幻世界總能給我們帶來感動，而華特・迪士尼說：「感動的源頭，那就是天真。」當你作為建設者想要建造一個元宇宙，或者作為參與者進入一個元宇宙時，不妨也想一想：這個元宇宙讓你我感動的源頭是甚麼？

知識塊

米奇十誡：或許也是適合元宇宙的聖經

提出者：馬蒂・斯克拉

1. 了解你的觀眾：在設計景點或活動前就界定誰是主要觀眾。

2. 站在遊客的立場上：一定要讓團隊成員像遊客那樣體驗你創造的作品。

3. 理好思路，組織好遊覽的順序：確保故事和遊客體驗的過程有邏輯性，依次展開。

4. 創造一個「誘人照片」（吸引目光的東西）：創造一些視覺「目標」，引導遊客清清楚楚、順理成章地在場所中遊玩。

5. 用直觀方式傳遞信息：充分利用色彩、形狀、造型和材質這些非文字性的交流方式。

6. 避免超負荷 —— 創造刺激物：要抵制誘惑，不能用太多的信息和事物讓觀眾感到負荷過大。

7. 一次只講一個故事：不要偏離故事主線，好的故事都清晰、自然、連貫。

8. 避免矛盾 —— 保持一致：設計和內容中相互矛盾的細節會讓觀眾對故事本身及發生的時間迷惑不解。

9. 在豐富的娛樂活動中隱藏點説教：華特・迪士尼説過，我們這個行業也能教化民眾 —— 但是不要直白地説出來！寓教於樂！

10. 保持（做好維護工作）：在迪士尼樂園或度假區，甚麼都不能壞掉。維護不到位，表現就不出彩。

説明：原文共分四個部分，分別為《米奇十誡》（第一部分）、《米奇新十誡》（第二部分）、《米奇再十誡》（第三部分）、《米奇又十誡》（第四部分 —— 追隨力），這裏僅摘錄第一部分。引自《造夢者》。

元宇宙帶來數字世界的體驗經濟

在從 20 世紀向 21 世紀跨越的那幾年，「體驗經濟」曾經是大熱門。約瑟夫・派恩、詹姆斯・吉爾摩在同名著作《體驗經濟》中描繪了一個有說服力的發展路徑：產品經濟→服務經濟→體驗經濟。他們寫道：「體驗本身代表一種已經存在，但先前並沒有被清楚表述的經濟產出類型。服務解釋了商業企業創造了甚麼，而從服務中分離提取體驗的做法，開闢了非同尋常的經濟拓展的可能性。」

不只是傳統的產品製造業或服務業（如家電企業、連鎖餐廳），互聯網行業也擁抱了這個理念：為用戶提供的不是信息（或軟件、電商），而是體驗。

互聯網行業將體驗經濟理念實用化，變成了以「用戶體驗」為名的一系列可以落地的實踐，但也止步於「用戶體驗」，因為其無法為人們提供完整的、沉浸式的體驗。

現在，實體與數字融合的元宇宙讓互聯網行業的人看到，數字化的體驗經濟可能在接下來逐步實現，我們可以超越把三維立體世界壓成二維平面，甚至變成線條的「用戶體驗」。因此，現在再次溫習體驗經濟可能是必要的。

派恩與吉爾摩在闡述體驗經濟時，讓人印象深刻的是區分了企業提供給客戶的四種經濟提供物，從而強調服務之後是體驗。如表 9-1 所示，四種經濟提供物分別是：初級產品（commodities）、商品（goods）、服務（services）、體驗（experience）。

表 9-1　對比四種經濟

經濟提供物	初級產品（commodities）	商品（goods）	服務（services）	體驗（experience）
經濟	農業	工業	服務	體驗
經濟功能	採掘提煉	製造	傳遞	舞台展示
提供物的性質	可替換的	有形的	無形的	難忘的
關鍵屬性	自然的	標準化的	定製的	個性化的
供給方法	大批儲存	生產後庫存	按需求傳遞	在一段時間後披露
賣方	貿易商	製造商	提供者	展示者
買方	市場	用戶	客戶	客人
需求要素	特點	特色	利益	突出感受

註：這裏將“commodity”譯為「初級產品」。

資料來源：派恩，吉爾摩．體驗經濟[M]．夏業良，魯煒，譯．北京：機械工業出版社，2002。

他們關注的重點是經濟價值的提升。以生日聚會為例看變化的路徑——純粹的原材料（產品）、半成品（商品）、做好的蛋糕（服務）和舉行生日聚會（體驗）。對於提供產品或服務的企業來說，越沿着路徑往上，經濟價值越高。圖 9-1 是他們說服企業界接受體驗經濟的關鍵圖示，企業希望更好地滿足客戶需求，希望獲得更多的經濟價值。

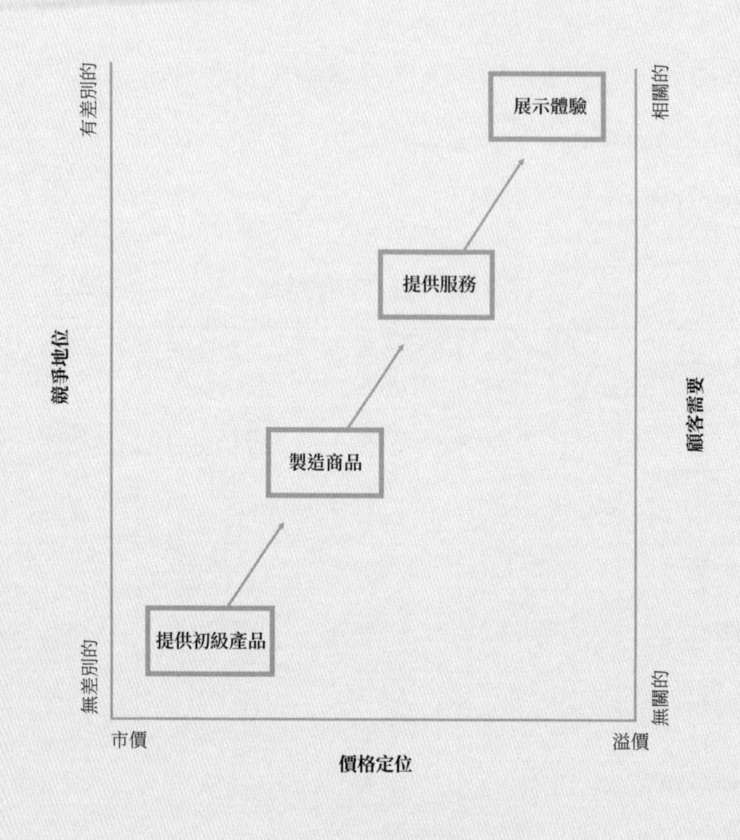

圖 9-1　走向體驗經濟的路徑

那麼，我們想要甚麼樣的體驗呢？人們願意去甚麼地方呢？派恩與吉爾摩用人的參與程度做橫軸、人與環境的聯繫類型做縱軸所繪製的「體驗王國模型」（見圖 9-2）為我們提供了非常好的分類框架。他們寫道：「（人們）願意去值得為之花時間的地方，他們可能僅僅出現在那個地方，可能願意在那個地方做點甚麼、學點甚麼，也可能願意待在那個地方從中領悟到美的感受。」他們提到了四種體驗：娛樂的

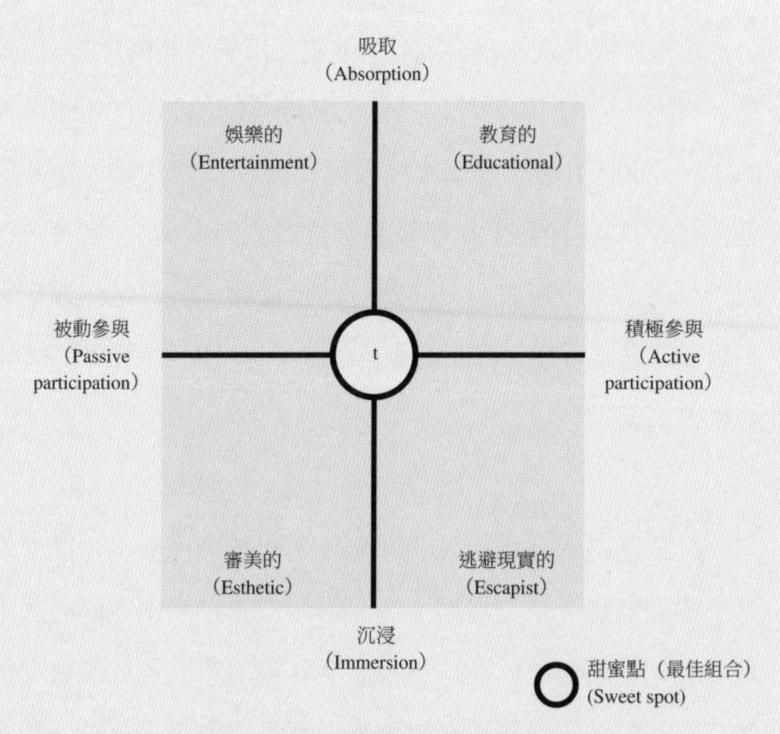

圖 9-2　體驗王國模型：四個體驗的王國

(entertainment)、教育的(educational)、審美的(esthetic)、逃避現實的(escapist)。

在電影院，我們感受到娛樂體驗。在好的學校，我們感受到教育體驗，學生們不是被動接受，而是主動參與。迪士尼樂園這樣的主題公園給我們暫時逃避現實的體驗。在藝術博物館，我們享受審美的體驗。

這四種體驗的中心點，是派恩與吉爾摩所說的四種體驗組合起來形成的最佳組合，他們借用高爾夫術語稱之為「甜蜜點」。他們有一個有意思的提示：甚麼是好的體驗？想想「你的家」。他們引用建築學教授維爾托德・里博克傑恩斯基的話，「你可以走出房子，但你總是要返回到家園」。其實，在我們自己的家中確實可以同時有四種體驗，我們可以娛樂，可以暫時逃避現實，可以有審美體驗，也可以有教育體驗（比如讀書）。

對於互聯網行業的很多人來說，互聯網也幾乎可以提供以上四種體驗。只是在過去，互聯網似乎在個別方面有些不足（比如審美體驗），但現在，變化正在發生，比如美輪美奐的立體互聯網，虛擬現實或增強現實設備似乎足以給我們提供藝術級別的審美體驗。

我認為，在元宇宙時代，我們有機會在四個方面都改善體驗，讓中間的甜蜜點變得越來越大。實體與數字融合的新世界，即元宇宙，是體驗的大舞台。未來從未如此真切。

結語

兩個世界中的你

實體與數字融合的元宇宙不是未來，元宇宙就是現在。

數字世界的你與實體世界的你如影隨形

你上次看到紙質機票是甚麼時候？我應該有十多年沒有見到過了。在 21 世紀初，我們在攜程訂票，會收到快遞來的紙質機票。現在我們買機票、坐飛機，大概是這樣的過程：在旅遊訂票 App 或者航空公司 App 裏下單買票。然後，我們會收到一條短信，告訴我們機票已經預訂成功。

但通常我們不會去看短信，航旅縱橫等 App 會通知我們：你有一個待出行的行程。在去機場之前，我們用手機選座位、辦登機手續。

以前到機場，我還習慣用自助機器打印登機牌，但這幾年越來越不需要這麼做了。幾年間，中國民航業突飛猛進的數字化讓幾乎所有的機場都可以用手機二維碼直接登機，最初只有北京、上海等的少數機場可以。我們用手機裏的電子登機牌掃二維碼進入安檢區域。安檢時，我們把二維碼和身份證交給安檢人員檢查。我們掃碼過登機口，在飛機上找到座位坐下來，開始我們的旅程。

在乘坐飛機的整個過程中，如果不需要報銷用的行程單的話，我們看不到一張紙。紙是憑證，機票、登機牌都是實體世界裏的憑證，但現在我們不需要了。

現在乘坐飛機時，我們經歷的是這樣的：在實體世界裏，我們的身體經過一個個環節（辦登機、安檢、登機）。在數字世界裏，我們的身份和憑證，也在無縫地一環接一環地走下去。數字世界的你與實體世界的你如影隨形。

我們乘坐飛機時，數字的身份與憑證，其實也要經過很多個不同的環節，在多個管道流動：訂票 App、機票代理商、航空公司、航旅縱橫 App、機場、安檢等。這些有的是普通商業公司，有的是需要較高安全性的航空公司，有的是管理公民身份的政府管理部門。

在數字世界裏，這些環節、管道無縫地連接起來了。這是那麼的自然，除非你特別去關注，否則都感受不到。我們身處兩個世界：實體世界和數字世界。在實體世界和數字世界之間，僅靠某個身份機制（這裏是身份證號）就完成了一一對應。

這是已在我們身邊的數字化，同時也是很極致的數字化。請注意，我們不是只在網絡空間裏聊聊天，在這裏，線上與線下、實體與數字完美地融合為一體。

對我們來說，是數字世界中的我更重要，還是實體世界中的我更重要？

有時候，數字世界中的自己，甚至比我們在現實中的身體感受更能影響我們的生活，也極大地影響着我們的心情。搭乘航班時，我們越來越依賴於數字世界的信息。我們看看航班的準點情況，看到航班歷史準點率為 95%，心情立馬很好。在出發去機場前我們會看一下，如果看到有延誤的話，就可以晚點出門。

如果數字世界中的自己出現問題，我們會非常焦慮。通常來說，如果看到手機 App 裏有航班行程信息，我們就跟拿着機票一樣確信無疑。反過來，如果從手機上看不到行程信息，我們總覺得心不安。幾年前一次我從香港回來，跨境民航的數字化還不像我們平常感受到的那麼流暢，不知道甚麼地方出了錯，我從手機上看不到回程的航班信息。我記得，前一天我就焦慮了：「我的票沒訂上嗎？」同事回覆：「訂上了，放心。」但我好像沒能真放下心，第二天在機場裏面等的時候，由於手機裏看不到航班動態信息，我總在東張西望，擔心錯過。

現在，實體世界和數字世界在很多方面幾乎已經無縫地融合在一起了。打車、外賣、線下掃碼支付、新零售以及新冠肺炎疫情帶來的健康碼檢查，都讓我們看到實體世界與數字世界的全面融合。現在，不是只有少數技術極客才會進入數字世界。現在，幾乎每一個普通人的生活都大部分轉移到了數字世界。誇張地說，在新冠肺炎疫情緊張的時候，如果你沒有手機（也就沒有行程碼與健康碼），在城市中，實體世界中的你幾乎會感覺到被困住了，你連商場都進不去。

如果有人從20世紀90年代初用時光機穿越30年來到當下，我們帶他坐飛機時，他大概真的會覺得是活在科幻小說裏。

在我看來，數字化的未來不是我們周圍圍繞着機器人，不是機器人能跟我們說話或他們能聽懂我們的話，更不是強迫我們跟機器人說話。

數字化的未來是現在的樣子，一切數字的複雜都被藏到了幕後，我們自由自在地生活。當然，我們都清醒地意識到，數字世界無論是範圍還是影響力都變得越來越大。

數字世界的極速擴張：未來呼嘯而來

未來呼嘯而來，但我們通常感受不到，我們往往以為周圍發生的是緩慢的變化。我們人類的大腦是線性的，而數字化的事物是指數級增長的。我們周圍世界的數字化速度，如果放在一個長週期看，可能超過你最狂野的想像。

每年的「雙十一」已經變成了中國電商的節日。十多年前我們曾經羨慕美國感恩節後的黑色星期五（簡稱「黑五」）大促銷，而現在「雙十一」的規模已遠超「黑五」。但更重要的是自己跟自己比，數字是驚人的。

2009年11月11日，阿里巴巴的天貓舉辦了第一屆「雙十一」，當天銷售額約5 000萬元，在當時也已是驚人的數字，這是「雙十一」突然吸引人們關注的原因。10年後的2019年11月11日，阿里巴巴各平台一天的銷售額是2 684億元。此後阿里巴巴變更了統計口徑，每年發佈的是 11 月 1 日～ 11 日的銷售額，2021 年天貓 11 天的銷售額是 5 403 億元，十多年時間，數字從 5 000 萬變成了 5 000 億。中國電商的整體銷售額更大，2021 年京東「雙十一」銷售額是 3 491 億元。

我個人對 2021 年「雙十一」感到最驚訝的數字是直播主播李佳琦的銷售額，在為「雙十一」預熱的 10 月 20 日這一天下午兩點半開播的直播中，李佳琦的銷售額達 106.5 億元，一個人半天賣出百億元人民幣的商品。

整體經濟的數字同樣是驚人的。根據中國國家統計局的數據，2020 年，中國全年全國網上零售額為 117 601 億元，比上年增長 10.9%，其中，實物商品網上零售額為 97 590 億元，增長 14.8%。

參與電商大潮的人大體上都有一個感受，電商裏的一些做法看起來是將實體轉到數字世界，比如李佳琦在直播中做的很像他幾年前作為歐萊雅線下店的銷售顧問（BA）所做的。但是，一些事物如電商直播在數字世界中找到自己的位置後，開始有了自己瘋長的生命力。

在暢想數字未來時，我們還會思考一個問題：數字世界會越來越像實體世界，還是反過來，實體世界越來越像數字世界？很多人以為是前者，其實是後者，後一種趨勢讓實體世界也開始指數級增長。

我們可以做一下思想實驗。如果回到過去，我們放飛想像力去想像未來，我們會以為，數字世界會越來越像實體世界。

當時我們設想的未來餐廳可能是：長得像人一樣的機器人服務員聽我們選擇菜品，與我們交談，然後幫我們下單。其實我們不用回到過去，去看看早年尼葛洛龐帝在《數字化生存》中的設想，這樣的未來設想隔幾頁就會看到。

20 多年前，在數字化浪潮剛剛興起時，人們對未來的設想與嘗試是，用最高級的手持計算機「武裝」服務員。在 2000 年時，北京有一家高檔餐廳為服務員配備了康柏公司的掌上電腦 iPaq PDA（個人數字助理），用它為客人點單。我當時也「嘗鮮」託人買了一台 iPaq，因此我還專門去吃飯，就是為了看服務員是怎麼用我也有的、當時很新奇的掌上電腦的。

現在，正如我們所知，我們所處的「過去的未來」是這樣的。現在在大眾型餐廳的體驗越來越像外賣所展示的數字化體驗。在 24 小時營業的風味餐廳金鼎軒，熱情的服務員引導我們進門坐下來，但他們不會遞給我們一本精美的菜單，而是讓我們打開手機掃碼點餐。我們這些顧客用自己帶的電子設備（每個人都有的手機）接入餐廳的信息網絡，某種程度上「參與」了它的運營。菜單本身與下單的過程被「吸入」了數字世界。迄今為止的經驗是，實體世界越來越像數字世界，實體世界也會具有數字世界的屬性——指數級生長。

這裏我故意改造「指數級增長」為「指數級生長」，因為我們接下來將看到的是，「實體＋數字」的元宇宙有着自己的生命力，它是「指數級生長」的。